Un robinet n'est simple que lorsqu'il est fermé

avec lettres justificatives

Michel Pluviose

FSC
www.fsc.org
MIXTE
Papier issu
de sources
responsables
Paper from
responsible sources
FSC® C105338

Un robinet n'est simple que lorsqu'il est fermé

comprenant :

- **Lettre ouverte à Jimmy Carter (2013)**
  ancien Président des USA

  Une leçon positive de l'accident à Three Mile Island

- **Lettre ouverte à l'Académie des sciences (2022)**

  Quand la physique vole au secours des soupapes

  afin d'améliorer la sécurité et le fonctionnement

  des centrales nucléaires

Michel Pluviose

Du même auteur, sur le sujet :

- Stabilization of Flow Through Steam-Turbine Control Valves,
  Transactions of the ASME,
  Journal of Engineering for Gas Turbines and Power,
  Vol.111, October 1989.

- L'organisation du désordre pour sortir du chaos.
  Applications en énergétique. Éditions Cépaduès (2015)

- Calming the Flows using the Principle of Worst
  Action. Valve World Magazine (Sept. 2013)
  www.physics3worlds.com

- A Remarkable use of Energetics by Nature:
  The chaotic System of Tropical Cyclones.
  International Journal of Applied Environmental Sciences
  (Vol.13, N°8, 2018)
  www.hurricane-physics.com

- Du plus grand désordre à l'ordre parfait,
  Balades aux lisières du Monde
  BOB ISBN 978-2-3224-4156-3

Édition : BoD · Books on Demand GmbH,
In de Tarpen 42, 22848 Norderstedt (Allemagne)

Impression : Libri Plureos GmbH, Friedensallee 273,
22763 Hamburg (Allemagne)

ISBN: 978-2-3224-7831-6

Dépôt légal : Novembre 2024

1 Préface

> **Un chef d'œuvre de la littérature n'est jamais qu'un dictionnaire en désordre.**
>
> *Jean Cocteau*

Beaucoup d'entre nous préférons l'ordre au désordre.

D'autres, dissimulès, préféreraient plutôt pénétrer dans le chaos.

L'ordre n'est qu'un cas particulier de désordre ; on dit que l'entropie[1] est nulle dans ce cas extrême.

. Achetez un jeu de cartes, il est en ordre (donc à entropie nulle).

. Coupez-le, il est en désordre (l'entropie croît).

. Coupez-le une seconde fois, il devrait être davantage en désordre (l'entropie devrait être plus élevée), mais il existe une infime probabilité, quasiment nulle, qu'il soit redevenu en ordre, c'est-à-dire à entropie nulle.

On aura compris que l'entropie, dans ce texte, n'est qu'un chiffre indiquant le niveau de désordre.

Désordre ou chaos ; sait-on bien de quoi on parle ?

Faut-il et peut-on choisir le désordre ou le chaos ?   C'est là une question essentielle à laquelle on va tenter de répondre dans ce texte. M'étant déjà exprimé sur ce sujet dans le livre : " *L'organisation du désordre pour sortir du chaos* ", je profite d'évènements récents pour justifier à nouveau cette position et la développer davantage.

---

[1]L'entropie, c'est surtout du désordre

La différence n'est pas mince.   Par exemple, lorsque les entreprises françaises ont choisi le chaos plutôt que le désordre pour réparer des erreurs de conception des centrales nucléaires, le coût des opérations s'éleva en dizaines de milliards d'euros, grévant sévèrement le budget de l'État et déclassant la France dans le concert des Nations. En choisissant le désordre, cela nous aurait coûté zéro euro et aurait placé la France largement en tête du peloton des États industriels.

La moitié des centrales nucléaires françaises furent arrêtées pour des problèmes dits de corrosion sous contrainte.   Nous étions en Novembre 2022 lorsque des microfissures furent détectées, nécessitant l'arrêt des réacteurs pour réparations. Nos concitoyens se mirent à grelotter. La France a donc, par la force des choses, été importatrice d'électricité durant la quasi-totalité de l'année 2023, ce qui n'était plus arrivé depuis 42 ans.

En février 2024, le groupe EDF a annoncé un bénéfice net de 10 milliards d'euros, grâce au redressement de la production nucléaire.

En moins d'un an, le contraste fut saisissant.   Les réparations furent si rapides que les experts n'avaient même plus le temps de nous expliquer ce qui s'était passé.

S'agissait-il d'un miracle ?

Pas vraiment !
Puisque les autorités ne nous ont rien appris, nos compatriotes restèrent dans les ténèbres. Ayant été partie prenante, le but de ce livre est de les éclairer, avec les éléments dont je dispose. Car, on ne peut laisser plus longtemps, sans explications, des faits qui pourraient se renouveller. La jeunesse, surtout en tirera profit.

Chercher à en savoir davantage sur notre monde est une aventure passionnante et stimulante. On va pouvoir le vérifier dans les textes suivants qui vont nous permettre d'approfondir certains phénomènes cruciaux camouflés dans la nature.

Dans les années 1970, à l'initiative d'ALSTOM, les constructeurs français de centrales thermiques lancèrent une recherche d'intérêt général sur les causes des instabilités d'écoulement observées dans les soupapes de régulation et de sécurité de leurs installations de production d'énergie. Électricité de France s'associa à cette recherche confiée à l'ATTAG (Association Technique pour les turbomachines et Turbines à Gaz). Cette étude fut conduite, sous ma responsabilité, dans le cadre des activités du CETIM (Centre Technique des Industries Mécaniques).

Il fallut attendre 1984 pour faire émerger une solution spectaculaire. Elle consistait en un procédé innovant pour dégrader l'énergie cinétique dans les fluides. Le problème était résolu de manière efficace, mais les bases profondes en restaient mystérieuses.

Cette expérience bluffante a conduit, bien plus tard, à énoncer un principe que j'ai dû appeler, en première intention, *principe de pire action*, car il s'oppose frontalement au *principe de moindre action* de la mécanique classique, d'où son nom. On avait réussi à apporter le calme dans des écoulements chaotiques en introduisant un très grand désordre dans le système des molécules du monde microscopique.

Les choses un peu nouvelles ne vont pas sans quelques interrogations et confusions dans les mots. Puisque ce principe de pire action est capable de supprimer le chaos dans les écoulements, était-il aussi mauvais que son appellation le laissait supposer ? La pire action concernait le monde moléculaire alors qu'une meilleure action était obtenue dans notre monde macroscopique puisqu'on y apportait le calme. Finalement, après quelques concertations, j'ai opté pour nommer plutôt ce principe : principe de double action.

La partie pire action de ce principe fut longue à émerger car il fallait débroussailler un domaine inexploré de la physique : celui où il est nécessaire de dégrader très rapidement de l'énergie en grande quantité. Les cas sont certes peu nombreux mais ils sont essentiels pour l'environnement : soupapes de contrôle et de sécurité, ouragans, etc.

Dans les cas courants, le système moléculaire dégrade de lui-même l'énergie cinétique des écoulements par des moyens contestables sans se préoccuper le moins du monde, ni de notre sécurité, ni des installations.

Le principe de double action favorisant l'échange d'informations depuis notre monde macroscopique vers le monde des molécules, permet d'inverser les rôles : imposer un grand désordre dans le système moléculaire afin d'échapper au chaos dans notre monde macroscopique.

Issues de la théorie du chaos et de la thermodynamique non-linéaire, ces notions émergentes ont été consignées dans divers documents signalés en bibliographie.

Le livre entre nos mains reprend, sous une forme abrégée et accessible, ces nouvelles connaissances concernant la nature.

Quelques lettres peuvent résumer ce texte ; elles sont jointes.

C'est par hasard que j'ai découvert ce principe de double action, qui élargit la physique, et même après tant d'années où j'ai beaucoup prêché dans le désert, je crois être la seule personne à pouvoir l'expliquer aujourd'hui. Je ne doute pas qu'il sera repris, commenté et amélioré plus tard tellement son application est vitale dans les cas cités. On en jugera.

M'appartenait-il d'écrire ce livre ?

Puisque dans ces textes, on cite à plusieurs reprises Jean d'Ormesson, je lui avais demandé son accord avant publication.

Et comme il parlait souvent du bien et du mal et du temps qui passe, je lui avais ensuite proposé d'écrire ce nouveau texte en son nom propre. Cette affaire aurait été transformée de plomb en or en passant de ma tête dans la sienne.

Lorsque le président de la république, dans un geste remarqué, posa en 2017 un crayon sur son cercueil dans la cour des Invalides, je n'ai pu m'empêcher d'esquisser un sourire en pensant qu'il aurait pu y ajouter une rame de papier pour écrire ce bouquin.

ACADEMIE FRANÇAISE

23, QUAI DE CONTI
PARIS VIᵉ
01 44 41 43 00

Merci de votre lettre, Monsieur le Professeur, et des documents qui l'accompagnent. Je les ai lus avec incompétence, mais avec intérêt.

Je vous suis très reconnaissant de me citer, au début de l'essai dont vous me parlez, aux côtés du Président des États-Unis.

Je me sens fier ! bien incapable de traiter moi-même, comme vous voulez bien me le proposer, des problèmes difficiles dont vous vous occupez. Je sais pourtant toute l'importance des théories du chaos et des structures dissipatives que vous élargissez.

À vous, avec gratitude et beaucoup de vœux amicaux.

Jean d'Ormesson

Réponse de Jean d'Ormesson
de l'Académie française
(Octobre 2013).

Finalement, je me suis rangé au conseil de François Rabelais :

"Soyez vous-même interprètes de votre entreprise." [2]

C'est donc François Rabelais qui m'a mis la plume à la main ! Le lecteur aura à être indulgent car j'écris en physicien, pas en écrivain.

"Voulez-vous faire un livre ?" demande Voltaire.

"Songez qu'il doit être neuf et utile, ou du moins infiniment agréable" ajoute-t-il.

C'est à quoi je me suis employé.

Convaincu que ces notions nouvelles, issues de la théorie du chaos et de la thermodynamique hors équilibre, modifient profondément notre vision du monde, il m'a semblé utile de publier ce livre qui devra être réécrit par d'autres tellement il demande à être complété et amélioré en beaucoup de points.

Encore un mot : mon nom apparaît souvent dans ce texte, bien trop souvent, avec un déluge de "je". Le lecteur voudra bien m'en excuser, mais je n'ai pas trouvé la solution pour éviter cette ribambelle de récidives. Le mieux est que toi, lecteur, tu t'appropies ces textes en les prenant à ton compte.

---

[2]La citation complète d'origine est : *"La dive Bouteille vous y envoye, soyez vous-mêmes interpretes de vostre entreprinse."* Avec François Rabelais, on est rarement déçu.

2 Évolution de la physique à travers les temps

L'esprit scientifique se constitue sur un ensemble d'erreurs rectifiées.

Gaston Bachelard

L'observation du mouvement des planètes, depuis la plus haute antiquité, encourageait beaucoup de penseurs à envisager notre monde comme éternel.

La mécanique classique, dès son origine basée sur l'ordre, a été un domaine des mathématiques ; elle permit d'abord de décrire le mouvement des objets astronomiques tels que les planètes et des corps matériels autour de nous. De nombreux savants s'y illustrèrent après Galilée et Isaac Newton. Elle fut féconde ; c'est une référence incontestable. Puisque les frottements ne sont pas pris en compte, la réversibilité y est assurée : on va du passé vers l'avenir ou de l'avenir vers le passé sans que rien ne change dans ses lois. Dans ces conditions, le temps ne s'écoule pas. On ne vieillit pas ! Magique !

Le principe de moindre action, qui stipule que la Nature n'aime pas trop se fatiguer, récapitule la situation.

Mais des fauteurs de troubles introduisirent le désordre par le biais du redoutable et mal-aimé second principe de la thermodynamique. Ils ne furent pas les bienvenus.

Les irréversibilités de toutes sortes étaient enfin prises en compte par l'entropie.[1] Les irréversibilités, lors des transformations dans un système isolé, qui n'échange donc rien avec son entourage,

---

[1] L'entropie, c'est surtout du désordre.

génèrent du désordre (de l'entropie) ; ce désordre ne peut donc qu'augmenter avec le temps. On comprit un peu mieux ce qu'était le temps. Il était associé au désordre et se paraît de sa flèche orientée vers l'avenir : *la flèche du temps.* Certains purent en déduire que le monde allait mourir. Mais la Nature n'est pas tenue de suivre nos raisonnements.

Pour mieux comprendre ce qu'était l'entropie, on en chercha les racines dans le monde microscopique mais, devant le nombre gigantesque de molécules, il fallut se résoudre à utiliser les probabilités.

Notre monde n'allait pas *certainement* mourir, il n'allait que *probablement* mourir.

L'introduction des irréversibilités dans les équations de la mécanique était un grain de sable qui, pour le moins, perturbait leur résolution. Alors, on simplifia, on linéarisa, on minimisa pour s'en sortir au mieux. On arriva ainsi en mécanique des fluides aux équations de Navier-Stokes qui sont une affaire un peu trouble de spécialistes, puis aux équations de Reynolds, encore plus mystérieuses lorsque la turbulence entre en jeu car celle-ci doit être vue, de nos jours, comme une manifestation du chaos, mais d'un chaos d'intensité faible.

Peu à peu la physique, dans le domaine de l'énergétique, s'éloigna des mathématiques qui peinaient à suivre en se bornant le plus souvent au domaine linéaire, c'est-à-dire en ne s'éloignant pas trop de ses bases : le monde de l'ordre.

Dans les années 1970, d'autres perturbateurs, spécialistes du chaos, firent leur apparition. On quittait le déterminisme, qui avait tant été célébré, pour sombrer dans le chaos ; mais surprise parmi tant d'autres : de l'ordre se camouflait dans ce chaos.

Cette nouvelle fut sensationnelle et la stupéfaction générale dans beaucoup de milieux.

Un système entraîné vers le désordre peut créer de l'ordre. Et l'on comprit brutalement que le désordre augmentant depuis les premiers instants du monde, rien ne s'opposait à ce que des parties ordonnées puissent apparaître localement. La seule condition était que dans l'ensemble, le désordre augmente. Un subit éclaircissement !

L'exemple le plus grandiose est celui de notre Univers.

Pourquoi faut-il attendre des milliards d'années après le fantastique déséquilibre initial en température dû au Big Bang pour atteindre l'équilibre final où tout serait homogénéisé ?

Parce que des structures appelées dissipatives sont apparues pour entraver la marche vers le désordre ultime. De l'ordre émergeait à partir du chaos. Ces structures dissipatives, ou structures auto-organisées, se sont créées pour les uns, ou ont été créées pour d'autres : ce sont les planètes, les arbres, les oiseaux, le genre humain, etc.

L'ordre naissait du désordre.

Le lecteur peut se demander, à partir de là, ce qu'il est venu faire dans cette galère. Nous y voilà.

Les structures dissipatives ainsi formées sont parfois inacceptables parce que l'ordre qui s'introduit dans un système l'empêche de rejoindre rapidement son état d'équilibre final où tout serait figé. Et c'est heureux pour notre Univers. Mais néfaste dans d'autres situations.

Descendons de quelques crans et revenons à nos préoccupations plus terre à terre.

Certaines de ces structures dissipatives auto-organisées sont très dangereuses pour notre sécurité. Ce sont par exemple les jets supersoniques dans les soupapes de régulation qui font vibrer nos grandes centrales de production d'énergie électrique en les fragilisant ou encore les ouragans issus d'un déséquilibre devenu trop important dans la nature, qui viennent s'éteindre après avoir déversé leurs calamités sur les terres habitées.

La Nature est souvent dolente et n'aime pas trop se fatiguer dans la plupart des domaines de la vie courante, mais parfois, lorsqu'elle sort de ses gonds, de l'ordre se manifeste au milieu du désordre. C'est ainsi, par exemple, qu'une tempête tropicale se transforme en un ouragan en se parant de son œil et du mur de l'œil, structure très ordonnée. Le système ayant bifurqué vers un ouragan devient alors une terrifiante machine thermique mobile sur la surface de l'océan, machine thermique terrifiante mais ordonnée.

Cet ordre, issu du désordre, peut produire des effets catastrophiques dans les cas énoncés ci-dessus, en particulier. L'ordre qui apparaît dans une structure dissipative devenue menaçante doit être détruit.

Bien qu'il n'y ait eu aucune contestation émise sur cette action nécessaire d'élimination d'ordre tellement les raisons sont claires, quelques réticences apparurent néanmoins.

Est-il permis de détruire de l'ordre dans la nature ?

Soit un système soumis à des contraintes qui le déplacent de son équilibre. À partir d'un certain déséquilibre, une bifurcation[2] apparaît puis des instabilités précèdent une partie ordonnée. Cet ordre qui surgit freine l'évolution du système et le perturbe car il s'introduit dans un système en cours de désorganisation. En supprimant cet ordre naissant dans une partie du système, on assure un fonctionnement plus calme et on libère ce système des freins qui entravaient sa marche vers le désordre.

Le principe de double action a d'abord pour but de supprimer l'ordre apparu, afin ensuite de calmer les écoulements chaotiques dans les soupapes de réglage des centrales nucléaires ou thermiques, ou dans un ouragan par exemples.

Une autre démarche, qui relève a priori de la curiosité scientifique, consiste a contrario à supprimer du désordre dans une structure dissipative, en vue d'obtenir un système dans lequel une partie serait à entropie nulle, donc en ordre parfait.

---

[2]Ce qu'on nomme bifurcation dans ce texte est aussi appelée basculement dans d'autres domaines où on s'est trop éloigné de l'équilibre (évolution démographique, ressources disponibles, etc.). Toute croissance a des limites : un arbre ne monte pas jusqu'au ciel.

Il s'avère impossible d'introduire, de nos jours, une partie absolument parfaite dans un système. Par contre, on trouve de tels phénomènes décrits dans les Écritures. On a jugé qu'il serait utile, pour la physique, d'analyser de tels prodiges qui lui sont inaccessibles. Traitant ainsi d'un domaine inhabituel pour un scientifique, il a semblé nécessaire d'avoir l'accord, au moins tacite, des autorités religieuses pour le développer. Par ailleurs, cette approche se trouvait favorisée par les souhaits exprimés par le Pape François, et aussi, entre autres, par Albert Einstein dans une de ses citations.

> *"La science et la religion qui proposent des approches différentes de la réalité peuvent entrer dans un dialogue intense et fécond pour toutes les deux."*
>
> Pape François

Il a donc semblé utile d'informer le Pape de ces avancées en physique, proches de la frontière avec la théologie, la philosophie et la métaphysique. La réponse du Vatican ci-après, très ecclésiastique, est encourageante.

Souvent les philosophes ont fait intervenir la volonté divine dans leurs œuvres. Regarder autour de soi, s'efforcer de réfléchir, ne pas attribuer à un Être suprême la responsabilité de tous les mystères et de nos manquements, telle était l'attitude de Thalès, de Newton, et de beaucoup d'autres, que nous adopterons.

Dans ce livre, la physique est parcouruc à grandes enjambées en l'élargissant vers des domaines méconnus, en particulier ceux dans lesquels de l'énergie doit être rapidement et massivement dissipée.

> *"La science sans religion est boiteuse ; la religion sans science est aveugle."*
>
> Albert Einstein

> *Celui qui voit un problème,*
> *et qui ne fait rien,*
> *fait partie du problème.*
>
> Gandhi

3   La naissance de la physique :

d'Aristote à Newton

Il ne saurait être question de donner ici un exposé très complet de physique, mais il est cependant nécessaire, pour soutenir ce propos, d'en rappeler quelques éléments essentiels.

Le mouvement est un problème fondamental assez compliqué : on y réfléchit depuis des milliers d'années. Si on lance un objet, ou si on le pousse, il se met en mouvement. Plus l'action exercée pour le déplacer sera vigoureuse, plus la vitesse de l'objet sera importante.

Le problème du lancer de projectile

Pour Aristote : *Tout ce qui est en mouvement est nécessairement mû par quelque chose.* Le moteur donne son assistance au mobile tant que dure le mouvement. Il attribue ainsi à l'air ébranlé la persistance du mouvement des projectiles.

Sortons de l'antiquité méditerranéenne et moyen-orientale, un peu trop rapidement, pour arriver au moyen âge en Europe. On doit à Pierre Duhem (vers 1900) l'heureuse initiative d'avoir revisité la science de cette époque où l'on bâtissait les cathédrales.

Après avoir été projeté, le mobile est-il mû par l'air ?

Il semble que non, dit Buridan au milieu du XIV ème siècle ; l'air, en effet, qui doit être divisé par ce projectile, paraît plutôt résister à son mouvement.

Buridan[1] développe une théorie de l'*impetus*, défini comme étant le produit de la masse et d'une fonction constante de la vitesse.

---

[1]La légende raconte que son âne est mort de soif et de faim car il ne pouvait se décider : il hésitait entre boire ou manger.

Cet *impetus* entretient le mouvement après que le mobile se soit séparé de son moteur initial. Buridan s'oppose ainsi frontalement à la dynamique d'Aristote. Cet *impetus* surmontant les forces contraires, par exemple la résistance du milieu et la gravité, entraîne le mobile dans son mouvement. Il agit pendant un certain temps ; le mobile ne revenant au repos que lorsque ces forces contraires ont détruit l'*impetus*.

Pour Buridan : *après qu'un corps a été mis en mouvement, il n'a plus, pour se mouvoir, besoin d'aucun moteur extrinsèque ; l'impetus qu'il a reçu une fois pour toutes y suffit. Ce n'est pas à la persistance du mouvement qu'il faut chercher des causes ; c'est à l'affaiblissement et à la destruction du mouvement.* Les philosophes de l'école d'Aristote demandent à Dieu, pour maintenir le mouvement dans le Monde, d'exercer une action motrice perpétuelle. Buridan lui demande seulement de donner aux orbes célestes une impulsion initiale ; Dieu pourra ensuite se reposer de toute action motrice. En vertu de cette première chiquenaude, les choses créées, *soumises aux actions et aux passions mutuelles* dont il les a douées, continueront à se mouvoir indéfiniment.

Buridan nous dit aussi : *les mouvements des cieux sont soumis aux mêmes lois que les mouvements des choses d'ici-bas ...; il y a une Mécanique unique par laquelle sont régies toutes les choses créées, l'orbe du soleil comme le toton qu'un enfant fait tourner.* Ce que Galilée appellera *impeto* ou *momento* et Descartes *quantité de mouvement*, c'est l'*impetus* de Buridan, nous rappelle Duhem.

Et encore : *Dès la création du Monde, Dieu a mû les cieux de mouvements identiques à ceux dont ils se meuvent actuellement ; il leur a imprimé alors des impetus par lesquels ils continuent à être mûs uniformément ; ces impetus, en effet, ne rencontrant aucune résistance qui leur soit contraire, ne sont jamais ni détruits ni affaiblis...... Tout cela, je ne le donne pas comme assuré ; je demanderai seulement à Messieurs les Théologiens de m'enseigner comment peuvent se produire toutes ces choses.*

Le problème de la poussée d'une caisse

Voyons une autre expérience d'Aristote, plus terre à terre. Il fait pousser une caisse par un esclave, celui-ci se fatigue pour vaincre les frottements de la caisse sur un sol caillouteux. Quand la force de poussée cesse, le mouvement s'interrompt. Ainsi, selon Aristote, lorsqu'on pousse une caisse, le mouvement de la caisse cesse immédiatement dès que l'on arrête l'effort (Fig. 1).

On notera qu'on peinera tout autant pour ramener cette caisse à son point de départ. L'énergie dépensée lors du déplacement initial n'est pas restituée à l'esclave lors du retour de la caisse à sa place d'origine. Cette expérience montre le caractère irréversible du frottement. De l'énergie mécanique a été dégradée ;de l'entropie a été créée.

Fig. 1 *La poussée d'une caisse, selon Aristote*

Galilée, l'expérimentateur

Reprenons la caisse d'Aristote et examinons de plus près les faits fondamentaux du mouvement.

Considérons un homme qui, sur une route unie, pousse devant lui une caisse et qui brusquement cesse de le faire. La caisse continuera à parcourir une certaine distance avant de s'arrêter (Fig. 2). Aristote, sur une route plutôt rustique n'avait pu noter ce point essentiel.

Remarquons que sur une route verglacée, par exemple, la caisse continuera à se mouvoir sur une distance encore plus longue. La présence du verglas a réduit les influences extérieures. L'effet de ce qu'on appelle le *frottement* a été diminué, entre la caisse et la route.

La caisse et son contenu n'ont rien à voir dans cette affaire ; c'est pour éviter toute contestation que l'assistant de Galilée pousse la même caisse que l'esclave d'Aristote.

Fig. 2 *La poussée d'une caisse, selon Galilée*

Imaginons une route parfaitement lisse dans un monde où il n'y aurait aucun frottement. Il n'y aurait alors rien pour arrêter la caisse et elle continuerait à se mouvoir sans cesse. Cette expérience ne peut jamais être réalisée car il est impossible d'éliminer toutes les influences extérieures. On dit que c'est *un cas idéal*.

Galilée innove : la caisse possède une certaine *inertie*. Si aucune force ne perturbe cette caisse, elle continuera de se déplacer avec une vitesse constante en ligne droite si elle était initialement en mouvement, ou continuera de rester au repos si elle était à l'arrêt initialement.

Cette conclusion de Galilée, intuitive mais fondée sur l'observation a été formulée plus tard par Descartes puis Newton comme la *loi de l'inertie*.

Réfléchissons un peu plus profondément sur cette caisse se déplaçant sur une route bien lisse. Dans le cas idéal sans frottement : sa vitesse est uniforme.

Supposons maintenant qu'on impose, à la caisse se déplaçant uniformément, un choc dans la direction du mouvement, par exemple. Sa vitesse va augmenter. La caisse est accélérée par le choc.

De là, découle la notion de force : une force est ce qui modifie le mouvement d'un corps.

C'est la relation entre la force et le changement de vitesse et non pas la relation entre la force et la vitesse, qui est à la base de la mécanique classique telle qu'elle a été formulée par Newton.

Si une variation de vitesse apparaît, une force extérieure en est responsable. On 'tourne' autour de la notion d'accélération, dérivée de la vitesse par rapport au temps. Le calcul différentiel et intégral n'a pas encore été inventé et la notion de vitesse instantanée (donc de dérivée) a donc sérieusement embarrassé Galilée. Mais en 1610, il énonce la définition correcte du mouvement uniformément accéléré. L'analyse effectuée par Galilée a conduit Newton et Leibniz à la découverte du calcul infinitésimal.

On peut considérer deux âges de la mécanique :

- Pour Aristote et pendant des siècles : seul le frottement s'oppose au mouvement. La grande autorité d'Aristote ne pouvait être mise en doute.

- Puis Galilée eut l'audace de fonder la mécanique, non plus sur le frottement, mais sur l'inertie. La mécanique prit son envol mais en oubliant un peu trop le frottement.

Galilée a recours à l'expérimentation et aux mathématiques pour appuyer les raisonnements en physique, c'était nouveau. Il établit les lois de la chute des corps : tous les corps en chute libre ont le même mouvement en l'absence de résistance de l'air. Il affirme que deux corps lâchés en même temps tombent en même temps, quel que soit leur poids. Il est impératif de rajouter, *dans le vide*, pour écarter les frottements de l'air qui perturbent cette affirmation.

- L'utopie d'un monde sans frottement

Imaginons ce que serait notre situation sur terre, sans frottement :

- Sur route plane, il suffirait à un véhicule d'atteindre sa vitesse de croisière choisie au départ, disons 90 km/h, et de suspendre tout couple d'entraînement pour continuer à cette vitesse de 90 km/h sans aucune consommation de carburant. Le freinage ne fonctionnerait pas, puisqu'il n'y aurait plus de frottement ; il faudrait alors envisager une fourniture d'énergie pour ralentir le véhicule. Les pompes à essence seraient désertées par les consommateurs, lesquels feraient des économies substantielles.

- le lecteur imaginera facilement d'autres situations ubuesques ; et pourra se lancer facilement à la recherche du mouvement perpétuel.

- les philosophes auraient à étudier cette nouvelle situation.

L'entropie, le frottement, on ne saurait s'en passer.

Descartes le mal-aimé

On attendra Descartes pour obtenir la définition la plus claire de l'inertie, dont Buridan et Galilée avaient posé les bases :

> *L'inertie caractérise la résistance que la*
> *matière oppose à sa mise en mouvement.*

La mécanique de Descartes repose sur deux principes :

1)- la même quantité de mouvement persiste dans le monde,

2)- la nature adopte toujours les voies les plus simples.

Donnez-moi de l'étendue et du mouvement, et je vous construirai le monde, disait-il dans une phrase vraisemblablement tirée de son contexte ou prononcée dans des conditions particulières. Il n'a pas manqué de détracteurs de son temps, et les amabilités continuent de pleuvoir sur lui aujourd'hui.

Pascal dans ses Pensées : *Je ne puis pardonner à Descartes : il aurait voulu, dans toute sa philosophie, pouvoir se passer de Dieu ; mais il n'a pu s'empêcher de lui faire donner une chiquenaude, pour mettre le monde en mouvement ; après cela il n'a plus que faire de Dieu.* Ou encore : *Descartes inutile et incertain.*

Que lui reproche-t-on, dans le domaine qui nous concerne ?

D'avoir établi, avec Malebranche, les lois du mouvement à l'aide de sa théorie des actions de contact et de tourbillons grandioses, afin d'expliquer le fonctionnement du monde.

Son immense mérite fut d'essayer de structurer analytiquement toute la connaissance. *Faisons table rase de tout ce que l'homme connaît*, disait-il, en adoptant systématiquement le doute comme méthode. Par cette remise en cause permanente, il restera à jamais un exemple pour toute la jeunesse du monde.

Newton

Newton cherche une explication du monde au moyen d'influences immatérielles, alors que Descartes cherche à l'expliquer de manière rationnelle. Newton accepte l'idée d'une intervention divine. Effectuant la synthèse de tous les travaux antérieurs, il pose le principe que le mouvement de tout objet est causé par une force. Pour lui, la force qui retient les planètes sur leurs orbites autour du Soleil est universelle, c'est la même que celle qui fait tomber les corps sur la terre selon la loi du mouvement accéléré découverte par Galilée.

La dynamique de Newton s'applique aussi bien au mouvement des molécules, qu'à celui des planètes. Tout corps, de petite ou de grande dimension a une masse. Il est donc soumis aux forces d'interaction newtoniennes.

Avec Newton naquit la science moderne.

En 1687, la Société Royale anglaise publie les travaux de Newton *Principia mathematica philosophiae naturalis.* Pendant près de

50 ans, il sera ignoré par les physiciens du continent qui rejettent l'idée d'attraction à distance et lui préfèrent l'explication qualitative donnée par Descartes. C'est avec Émilie du Châtelet et Voltaire que la mécanique newtonienne va se développer.

La mécanique rationnelle (pour la différencier de la mécanique pratique) de Newton concerne l'étude mathématique des mouvements qui résultent de forces quelconques et des forces qui sont requises pour des mouvements quelconques. Newton prend le relais de Galilée et de Descartes en mécanique, de Képler en astronomie, et l'on sait l'appui qu'il trouva dans les œuvres de Christian Huygens.

Newton, dans l'exposé de sa mécanique, n'admettait pas l'attraction à distance entre des corps séparés par le vide, et à défaut de pouvoir l'expliquer, il laissa la question ouverte. On doit aussi reconnaître à Newton de ne pas avoir négligé le frottement puisqu'il en proposa même une théorie. Comme le frottement venait perturber leurs analyses, beaucoup de ses successeurs crurent pouvoir s'en passer.

Le siècle des lumières illumine la physique

- Voltaire, transmetteur des œuvres de Newton.

Dans un texte pourtant hostile, on trouve : *Rien ne prouve mieux l'efficacité tranchante de la parole et la supériorité d'un homme qui sait la manier. Newton, le grand Newton fut, dit-on, vingt-sept ans enterré dans la boutique du premier libraire qui avait osé l'imprimer. M. de Voltaire parut enfin, et aussitôt Newton est entendu ou en voie de l'être ; tout Paris retentit de Newton, tout Paris bégaye Newton, tout Paris étudie et apprend Newton.*

(Mémoires de Trévoux, 1738)

Ça aurait été un peu tristounet si Voltaire ne s'était pas mêlé de cette affaire, tout au moins au début avant de décrocher. *Il y a deux points dans cette métaphysique : le premier est composé de trois ou quatre petites lueurs que tout le monde aperçoit également; le second est un abîme immense où personne ne voit goutte. ..... Le peu que nous savons étend réellement les forces de l'âme : l'esprit y trouve autant de plaisirs que le corps en éprouve dans d'autres jouissances qui ne sont pas à mépriser. ...... Il se peut faire que quelqu'un découvre un jour (s'il a des révélations) la cause de la pesanteur.*

Je suis enfin déterminé à faire paraître ces **lettres anglaises**, et c'est pour cela qu'il m'a fallu relire Newton ;.... J'ai refondu entièrement les lettres où je parlais de lui... Je fais son histoire et celle de Descartes. Je touche en peu de mots les belles découvertes et les innombrables erreurs de notre René. ... J'ai la hardiesse de soutenir le système d'Isaac qui me paraît démontré.... Tout cela fera 4 ou 5 lettres que je tâche d'égayer et de rendre intéressantes autant que la matière peut le permettre...

(Lettre à Formont, 6 décembre 1732)

Il faut être un vendeur d'orviétan, pour y ajouter : à la portée de tout le monde, et un imbécile pour penser que la philosophie de Newton puisse être à la portée de tout le monde. Je crois que quiconque aura fait des études passables et aura exercé son esprit à réfléchir, comprendra aisément mon livre; mais si l'on s'imagine que cela peut se lire entre l'opéra et le souper, comme un conte de La Fontaine, on se trompe assez lourdement.

(Sur les notes d'un libraire - 1738)

Je crois qu'il réussira en italien, mais je doute qu'en français l'amour d'un amant qui décroît en raison du cube de la distance de sa maîtresse et du carré de l'absence, plaise aux esprits bien faits.

(Sur un livre d'Algarotti)

On ne s'entretient point à souper deux fois de suite de la même chose, et on a raison quand le sujet de la conversation est un peu abstrait. Cela n'empêche pas qu'à la sourdine les gens qui veulent s'instruire ne lisent des ouvrages qu'il faut méditer, et il faut bien qu'il y ait un peu de ces gens-là puisqu'on réimprime les Eléments de Neuton en deux endroits. M. de Maupertuis qui est sans contredit l'homme de France qui entend le mieux ces matières en est content, et vous m'avouerez que son suffrage est quelque chose.

(*Lettre à Thierot*)

Leibniz

Diplomate initié par Huygens aux mathématiques, son rôle fut fondamental dans l'élaboration du calcul infinitésimal et il brilla tant dans ce domaine qu'il fut admis en 1699 à l'Académie des sciences de Paris, en qualité d'associé étranger, un mois avant Newton avec lequel il s'opposa à plusieurs reprises.

La notation de Leibniz (dx, dy, ..) a même fini par être adoptée en 1820 par les anglais, cédant à la force des choses après s'être obstinés pendant plus d'un siècle à préférer une présentation imposée par Newton. Voltaire prit fait et cause pour Newton, contre Leibniz dans une querelle mémorable relative aux forces vives. Dans son Candide, un truculent chef-d'œuvre qu'il appellera une coïonnerie, Voltaire se moque de l'optimisme de Leibniz : *Tout est pour le mieux dans le meilleur des mondes possibles.*

Extrait d'une lettre de Leibniz à madame la princesse de Galles
(Novembre 1715)

M. Newton et ses sectateurs ont encore une fort plaisante opinion de l'ouvrage de Dieu. Selon eux, Dieu a besoin de remonter de temps en temps sa montre, autrement elle cesserait d'agir. Il n'a pas eu assez de vue pour en faire un mouvement perpétuel. Cette machine de Dieu est même si imparfaite, selon eux, qu'il est obligé de la décrasser de temps en temps par un concours extraordinaire, et même de la raccommoder, comme un horloger son ouvrage, qui sera d'autant plus mauvais maître, qu'il sera plus souvent obligé d'y retoucher et d'y corriger.

4   **Le principe de moindre action**

Le principe de moindre action permet d'appréhender les lois de la nature de manière différente que les lois plus classiques de Snell-Descartes pour la lumière et que les lois de Newton pour la matière. Il ouvre la voie à l'énergétique. Son exposé est délicat car des considérations métaphysiques en sont à l'origine.

Le principe de moindre action
pour la lumière

Réflexion de la lumière - Loi de Snell-Descartes

La lumière nous est familière tout en restant mystérieuse ; elle se propage en ligne droite en l'absence d'obstacle à une vitesse phénoménale de l'ordre de 300.000 km/s.

L'optique géométrique est d'une grande importance technique et d'un très grand intérêt historique.

Observons le comportement de la lumière quand elle frappe un obstacle, par exemple un miroir plan. Lorsque le rayon incident de lumière impacte le miroir selon un angle i_1, la lumière ne continue pas en ligne droite, mais rebondit sur ce miroir selon une nouvelle ligne droite représentée par un rayon réfléchi d'angle i_2 (Figure 1a). Comme le ferait une boule sur la bande d'un billard, la lumière frappant un miroir se propage de sorte que les angles incidents et réfléchis soient égaux.

$$i_1 = i_2 \tag{1}$$

C'est la loi de Snell-Descartes pour la réflexion des rayons lumineux.

Réflexion de la lumière - Principe de Fermat

En 1662, Pierre de Fermat utilise, pour les rayons lumineux, le *principe d'économie naturelle*, selon lequel *"la Nature agit toujours par les voies les plus simples et les plus courtes"*.

Pour Fermat, la lumière voyage d'un point à un autre selon un chemin qui minimise le temps de parcours. C'est le *principe de minimum*.

Dans un milieu homogène, la lumière se propage partout à la même vitesse. Le trajet qui minimise la durée entre deux points A et B correspond à la courbe de longueur minimale, c'est-à-dire au segment AB. Ainsi, dans tout milieu homogène, la lumière se propage en ligne droite. Le principe de propagation rectiligne de la lumière découle du principe de Fermat.

La lumière peut cependant être déviée par des corps massiques, dans le cadre de la relativité générale, ce qui correspond à une situation particulière, très éloignée de nos préoccupations quotidiennes.

La lumière saurait donc trouver le chemin le plus rapide pour aller d'un point à un autre ? C'est pourquoi on faisait intervenir la métaphysique. Ce principe concerne le calcul des variations, l'une des branches des mathématiques. Il s'agit bien d'un principe variationnel car la durée du parcours doit être ici minimalisée.

Héron d'Alexandrie (au premier siècle après J.C.) énonce les principes de réflexion de la lumière : la lumière se déplace d'une manière telle qu'elle va vers le miroir puis vers l'autre point en empruntant la distance la plus courte possible. La nature choisit toujours le chemin le plus court.

Fermat vers les années 1650 fit la proposition suivante : parmi toutes les trajectoires possibles que la lumière peut emprunter pour aller d'un point à un autre, la lumière choisit la trajectoire qui nécessite le moins de temps.

Considérons un rayon lumineux issu d'un point A se propageant dans un milieu homogène en direction d'un miroir plan. Après réflexion sur celui-ci, le rayon atteint le point B. Il y a évidemment un grand nombre de rayons lumineux allant de A vers B. Fermat cherche lequel de ces trajets va suivre la lumière (Figure 1b).

Autrement dit, quelle est la manière de se rendre du point A au point B dans le minimum de temps ? On précise dans l'énoncé, qu'il faut passer par le miroir, afin d'éviter la réponse triviale qui consisterait à aller directement de A vers B en ligne droite !

Avec le miroir réfléchissant, la réponse n'est plus aussi simple.

Une manière serait d'aller aussi vite que possible jusqu'au miroir et de se rendre ensuite en B, sur la trajectoire AEB. On a alors un long parcours EB. Si nous nous déplaçons vers la droite en D, nous augmentons un peu la première distance AD, mais nous diminuons beaucoup la seconde partie DB, et ainsi la longueur totale de la trajectoire diminue, et du même coup le temps de parcours.

Comment pouvons-nous trouver le point C pour lequel le temps soit le plus court? Le problème devient : quand la somme de ces deux longueurs est-elle minimum ?

La réponse est de nature géométrique ; on trouve :

$$ACB < ADB < AEB$$

La durée minimale pour un rayon lumineux de se propager de A à B sera obtenue pour le trajet ACB (lorsque les angles réfléchis et incidents seront égaux : $i_1 = i_2$.

Fermat suggère ainsi que parmi tous les chemins possibles entre A et B, la lumière emprunte seulement le chemin le plus rapide.

Le trajet parcouru par la lumière entre deux points est toujours celui qui optimise le temps de parcours.

Fermat proposa que les rayons lumineux répondaient à un principe très général auquel on donna son nom :

"La lumière se propage d'un point à un autre de façon à minimiser son temps de trajet".

Ce principe, de nature variationnelle, permet à lui seul de retrouver toutes les lois de l'optique géométrique.

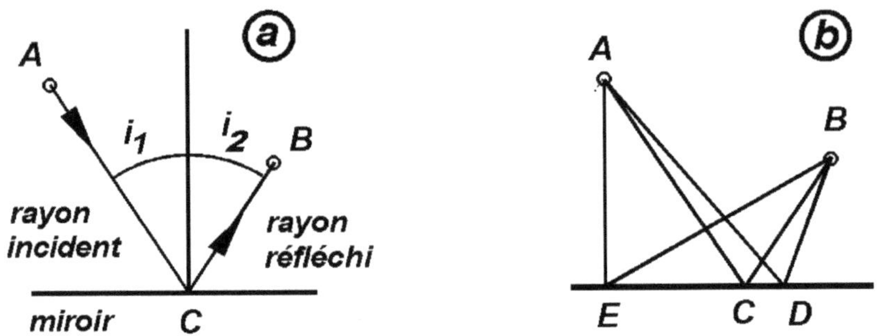

Fig. 1

a - réflexion sur un miroir plan

b - illustration du principe de moindre temps

Il est le premier principe variationnel de la physique ; il présente en outre l'intérêt d'être d'une très grande généralité, et de surcroît, ce point de vue variationnel sera très fécond en physique puisqu'il mènera à la mécanique analytique et à la théorie quantique des champs.

Réfraction de la lumière - Snell-Descartes

Par rapport à la réflexion sur un miroir, le problème se complique lorsque la lumière passe d'un milieu à un autre, par exemple de l'air dans l'eau. Dans l'eau, le rayon est dévié d'un certain angle par rapport à sa trajectoire dans l'air.

En 1637, Descartes, dans un complément d'optique de son célèbre *Discours de la méthode*, explique notamment ce phénomène de réfraction et prévoit la loi des sinus. Ses conceptions reposent essentiellement sur l'analogie avec la mécanique et sa description prévoit notamment que la lumière va plus vite dans l'eau que dans l'air. Cette dernière affirmation suscite un vif débat au sein de la communauté scientifique, et des savants tels que

Fermat contestent l'approche de Descartes.

Un bâton plongé dans l'eau semble brisé parce que les rayons lumineux changent de direction en arrivant dans l'eau. Pourquoi en est-il ainsi et quelle est la loi quantitative du phénomène ?

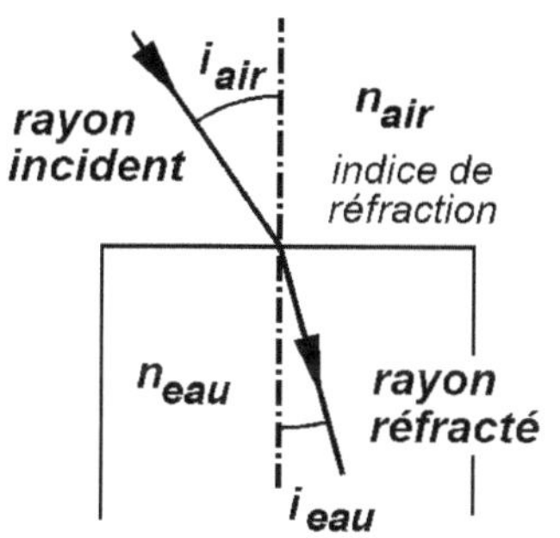

Fig. 2
Un rayon de lumière est réfracté lorsqu'il passe d'un milieu à un autre.

Quelle est la relation entre l'angle incident et l'angle réfléchi ? Ceci a intrigué les Anciens pendant longtemps, et ils n'ont jamais trouvé la réponse ! Claudius Ptolémée, vers 140, fit des expériences et dressa une liste des angles dans l'eau pour un grand nombre d'angles différents dans l'air.

Willebrord Snell et René Descartes trouvèrent, indépendamment l'un de l'autre, la loi reliant les deux angles ! Si i_{air} est l'angle incident dans l'air et i_{eau} l'angle dans l'eau, et n les indices de réfraction dans chaque milieu, alors on a :

$$n_{air} \cdot \sin i_{air} = n_{eau} \cdot \sin i_{eau}$$

Le mystère du bâton brisé a tenu une place centrale et particulière, dans les débats d'optique qui agitaient le XVIIe siècle et le début du XVIIIe siècle.

Réfraction de la lumière - Fermat

Fermat adopte un point de vue différent de Descartes, reposant sur un principe d'économie. Reprenant les travaux d'Héron d'Alexandrie et les siens propres sur la réflexion de la lumière, Fermat établit son principe de réfraction de la lumière sur une base identique.

Mais, pour la réfraction, la lumière ne suit évidemment pas la trajectoire de plus courte distance, aussi Fermat eut l'idée de considérer qu'elle met le temps le plus court.

Le problème du maître nageur

Comme la lumière qui se propage moins vite dans l'eau que dans l'air (contrairement aux vues de Descartes) d'un certain facteur n, un maître nageur court plus vite qu'il ne nage. Il se trouve au point A lorsqu'il aperçoit un nageur en difficulté en B (Figure 3). Comment arriver en B le plus vite possible ?

Il serait préférable de parcourir une distance un peu plus grande sur terre où l'on va plus vite afin de diminuer la distance dans l'eau où l'on se déplace plus lentement. À quel point de la berge le maître nageur doit-il plonger pour secourir ce nageur ?

Il faut trouver un compromis optimum entre ces deux trajets. La réponse a été donnée par Maupertuis en 1744.

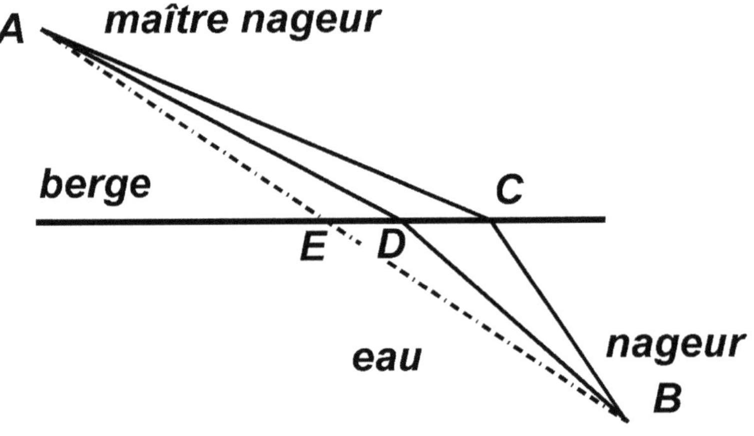

Fig. 3 -*Illustration du principe de Fermat pour la réfraction*

Comme on le voit sur la figure 3, la trajectoire du maître nageur est constituée de deux droites AC et CB, où C est le point où le maître nageur plonge. La distance AC sera plus grande que la distance CB car il court plus vite qu'il ne nage.

On doit calculer très précisément la position du point C. Il faut montrer que la solution finale du problème est la trajectoire ACB, et qu'elle correspond au temps le plus court de tous les temps possibles.

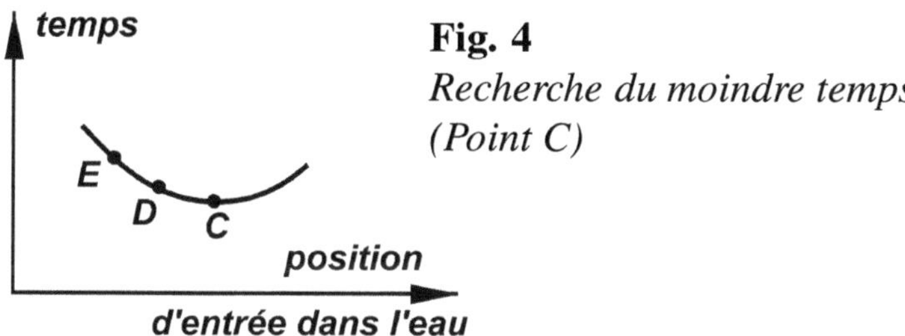

Fig. 4
Recherche du moindre temps
(Point C)

Si ACB est la trajectoire la plus courte, cela signifie que si nous en prenons une autre, celle-ci sera plus longue. Si donc nous traçons le temps qu'il faut en fonction de la position du point de plongée, on obtiendra une courbe comme celle de la Fig. 4, où le point C correspond au plus court de tous les temps possibles.

C'est cette trajectoire la plus courte qui est donc la moins fatigante pour le maître nageur.

De la même manière, le principe de Fermat permet de retrouver les lois de Snell-Descartes en y apportant un éclairage nouveau. Les indices de réfraction varient comme l'inverse de la vitesse de la lumière dans le milieu.

La lumière doit donc voyager moins vite dans l'eau que dans l'air car on sait que l'angle de réfraction diminue lors du passage eau-air. Ce n'est qu'au XIXe siècle que fut confirmée cette prévision à l'origine du désaccord entre Fermat et Descartes.

C'est ainsi que Fermat exposait son *principe de moindre temps*, applicable dans le domaine de l'optique, et qui lui permit de démontrer la loi de diffraction de Descartes.

"Le résultat de mon travail a été le plus extraordinaire,
le plus imprévu, et le plus heureux qui ait jamais

> *été ; car, après avoir effectué toutes les équations, multiplications, antithèses, et autres opérations de ma méthode, et avoir enfin terminé le problème, j'ai constaté que mon principe donne exactement et précisément la même proportion pour les réfractions que Monsieur Descartes a établies. 1 janvier 1662"*

Avec le principe de "moindre temps", on entre dans le domaine de l'influence de la philosophie sur les idées de la physique. Car ce principe repose sur une idée métaphysique surprenante : la Nature de Fermat est paresseuse, partisane du moindre effort.

L'approche de Fermat est évidemment troublante : comment la lumière sait-elle qu'un chemin est plus court qu'un autre ?

Le principe de moindre action pour la matière

Maupertuis n'est pas tout à fait convaincu par le principe de minimum de Fermat. Pourquoi la lumière choisirait-elle le plus faible temps de parcours plutôt que la distance la plus courte ? [1]

Il reprendra cependant les idées de Fermat en les développant jusqu'à la découverte de ce grand principe de mécanique, celui de la moindre action. La nature semble capable d'optimisation. Mais optimiser quoi ?

Pour Maupertuis, si un corps se déplace entre deux positions, le mouvement a lieu de telle manière qu'une grandeur que l'on appelle l'*action* soit optimisée.

L'action se définit comme le produit de la masse m par la vitesse V et le chemin parcouru d. Soit :

$$\textbf{Action} = m\,V\,d$$

qui s'exprime en $(kg \cdot m^2/s)$, soit encore $[(kg \cdot m^2/s^2) \cdot s]$ c'est donc

---

[1] Dans le domaine des transports, on reconnaît la question à laquelle un GPS nous invite à répondre lorsqu'on cherche à aller d'un endroit à un autre.

le produit d'une énergie par une durée, c'est une grandeur physique scalaire.

Le principe de moindre action de Maupertuis

Maupertuis estime que la trajectoire de la lumière est le chemin où la quantité d'action qui s'exerce sur elle est la moindre, d'où le nom de *principe de moindre action*.

Outre l'optique, toutes les lois de la mécanique classique peuvent s'expliquer par le principe de moindre action.

> *"Dans tout changement qui arrive, la quantité d'action nécessaire pour ce changement est la plus petite qu'il soit possible. La nature agit toujours par les voies les plus simples et les plus courtes."*

La controverse sur l'origine de la moindre action

Le mouvement d'un système serait ainsi déterminé à la fois par son état initial et son état final. Mais comment un système peut-il connaître préalablement sa destination finale ? Pour tenter d'expliquer cet aspect troublant, Maupertuis ne put s'empêcher d'inclure des éléments de métaphysique dans son principe de moindre action. Ce qui contribua en partie à alimenter et à attiser une polémique entre philosophes et scientifiques.

Trajectoire de moindre action

Il demeurait que le principe de moindre action gardait une part de mystère. Les phénomènes naturels pouvaient être liés à leur finalité, et non plus seulement à leur cause.

Considérons un objet, possédant une énergie totale donnée, en mouvement entre deux points A au temps t_a et B au temps t_b.

On peut faire passer une multitude de courbes entre ces deux points (Figure 5) ; et pourtant la nature n'en choisit qu'une seule. Qu'est-ce qui distingue cette trajectoire suivie par l'objet de toutes les autres ?

Maupertuis nous dit : La trajectoire sélectionnée par la nature est celle pour laquelle l'action, est minimale.

On sait que pour modifier la quantité de mouvement d'un objet, une force extérieure doit lui être appliquée. Pour Maupertuis, la trajectoire sélectionnée lors du déplacement de l'objet sera celle qui correspondra au moindre effort de la nature.

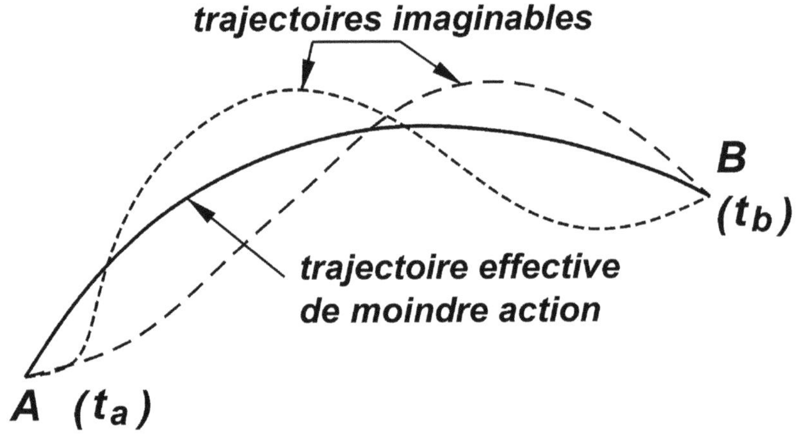

Fig. 5 - *Trajectoire de moindre action*

Plutôt que d'expliquer, comme le fit Newton, le mouvement d'un corps à partir du principe fondamental de la dynamique, Maupertuis s'estimait capable de trouver directement sa trajectoire globale à partir des points connus A et B. Sa méthode est audacieuse : parmi toutes les trajectoires possibles et imaginables entre ces deux points, la seule que choisit la nature est celle qui minimise, dans notre cas, sa fameuse **action**.

Où se trouve le vrai chemin parmi une multitude d'autres chemins possibles ? L'une des façons est de calculer l'action pour tous ces chemins et de regarder lequel donne le plus faible résultat. C'est ce dernier chemin que la nature empruntera.

La définition donnée par Maupertuis de l'action était obscure, et changeait avec le problème qu'il examinait. Elle était néanmoins le germe d'une idée correcte, et elle fut exprimée presque simultanément, d'une façon plus rigoureuse par Leonhard Euler, puis dans sa version définitive en 1760 par Joseph Louis Lagrange. Le point essentiel est qu'il existe une quantité bien définie, appelée *action* et qu'une particule suit le chemin de moindre action.

Lagrange et la moindre action

La mécanique Lagrangienne est basée sur le principe de conservation de l'énergie, limité à la mécanique. Lagrange définit l'action à partir de E_C, l'énergie cinétique et E_P, l'énergie potentielle. Toute dissipation d'énergie est exclue, ce système est donc conservatif.

Lagrange montra l'équivalence parfaite entre le principe de moindre action et toutes les lois de Newton.

"Le principe de moindre action contient implicitement la mécanique newtonienne. Ainsi, il est possible de reconstruire toute la mécanique de Newton avec le seul principe de moindre action !"

Une propriété majeure du principe de moindre action, basée sur l'énergétique et non plus sur la mécanique, est d'être indépendant du choix des coordonnées.

Le principe de moindre action constitue une des branches de l'optimisation et couvre donc de nombreux domaines de la physique.

Maxwell et la moindre action

Les équations de Maxwell sont déduites du principe de moindre action appliqué à un système dynamique (à nombre infini de degrés de liberté). Cette innovation apportée dans la théorie de Maxwell a séduit Poincaré en particulier, car elle libère la physique mathématique de toutes coordonnées arbitraires.

Helmholtz applique le principe de moindre action à une série de phénomènes non mécaniques. Hertz entreprit aussi de réorganiser la mécanique, dans le but de la faire reposer sur le seul principe de moindre action.

Newton, Einstein et la moindre action

Einstein cherchait la simplicité et ne resta donc pas insensible à cette formulation. Pour lui, selon sa conception générale de la physique, les lois de la nature doivent être aussi simples que possible. Newton aussi annonçait : *la nature aime la simplicité.*

L'intégrale de chemin de Feynman

L'idée de Feynman était de construire, dans le cadre de la mécanique quantique, son électrodynamique sur un principe de moindre action. Il reformula entièrement la mécanique quantique à l'aide de son intégrale de chemin qui généralise le principe de moindre action de la mécanique classique. Son Doctorat était intitulé : *Le principe de moindre action en mécanique quantique* (1942).

de Broglie : Généralisation du principe moindre action

Louis de Broglie fut frappé par l'analogie entre les lois fondamentales de l'optique et celles de la dynamique des particules quand on les exprimait respectivement sous la forme du principe de moindre temps et de moindre action. Il comprit que le problème de la particule connaissant d'avance le meilleur chemin pouvait se résoudre exactement de la même façon que pour la lumière, à condition d'associer une onde à une particule.

Max Planck et la moindre action

Pour Planck : *Le principe de moindre action est la loi la plus générale de la nature.*

"La réalisation la plus brillante du principe de moindre action est démontrée par le fait que la théorie de la relativité d'Einstein, a montré qu'elle occupe la plus haute position parmi les lois physiques.

Le principe de moindre action semble régir tous les processus réversibles de la Nature. Néanmoins, il n'offre aucune explication à l'irréversibilité, puisque selon lui, tous les phénomènes peuvent aller et venir dans n'importe quelle direction dans l'espace et le temps."

Le principe de moindre action est à la base de la mécanique

lagrangienne et de la plupart des lois de la physique depuis la mécanique classique jusqu'à la mécanique quantique.

Les irréversibilités y sont méconnues. Dans ces conditions, tous les phénomènes naturels peuvent être réduits à une loi de conservation et sont réversibles. Néanmoins, Newton, dans l'exposé de sa mécanique, ne négligea pas le frottement, il en fit même la théorie, mais ses grands successeurs, Lagrange et Hamilton, l'ont tout à fait écarté en édifiant la mécanique analytique.

Cette tendance scientifique connut son apogée, notamment avec le théorème de Noether qui établit un lien entre les lois de symétrie et les lois de conservation. Une grande partie de la physique actuelle est fondée sur la dynamique hamiltonienne et les lois de symétrie. Dans les cours de physique ou de mathématiques, la mécanique analytique de Lagrange-Hamilton-Jacobi figure dans les derniers chapitres, parfois même en annexes. Sa mise en application est délicate ; malgré cela elle devrait retenir davantage l'attention car elle permet d'ôter toute considération métaphysique au principe de moindre action. De ce fait, ce principe est souvent perçu comme une entité mathématique lointaine plus ou moins énigmatique. C'est vraisemblablement cette difficulté qui freine le développement de l'enseignement de ce principe si utile.

Les équations de Lagrange se rattachent à la théorie de l'énergie qui domine l'ensemble des phénomènes naturels. Le concept de force qui est une quantité vectorielle, donc orientée selon un référentiel, n'est pas compatible, en particulier avec la physique quantique et le principe de relativité générale. Plus généralement, le mouvement d'un corps n'est plus déterminé par des forces. On peut ainsi mettre les équations du mouvement d'un système général sous une forme analytique d'où les considérations purement mécaniques sont pour ainsi dire exclues. Il faut avouer que c'est très difficile à admettre pour un mécanicien classique.

Le principe de moindre action est essentiel pour la lumière, non corrompue par des irréversibilités. S'il reste utile pour la mécanique classique, il n'est pas compatible avec les systèmes matériels soumis aux irréversibilités.

Le principe de moindre action ne prend pas en compte le frottement ; c'est pourquoi il n'a pas été développé davantage dans ce chapitre. Il était cependant nécessaire de le présenter ici même sommairement, avant d'aborder le principe de pire action, qui en proposant d'augmenter considérablement les irréversibilités dans des cas justifiés, s'oppose frontalement à ce principe de moindre action.

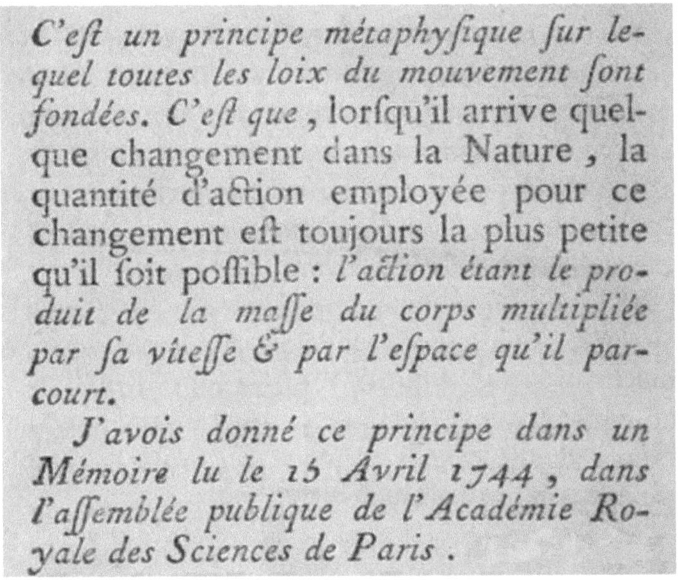

C'eſt un principe métaphyſique ſur lequel toutes les loix du mouvement ſont fondées. C'eſt que, lorſqu'il arrive quelque changement dans la Nature, la quantité d'action employée pour ce changement eſt toujours la plus petite qu'il ſoit poſſible : *l'action étant le produit de la maſſe du corps multipliée par ſa viteſſe & par l'eſpace qu'il parcourt.*

J'avois donné ce principe dans un Mémoire lu le 15 Avril 1744, dans l'aſſemblée publique de l'Académie Royale des Sciences de Paris.

Fig. 6 - Texte de Maupertuis sur la Moindre Action

5   Mouvement et Chaleur

Les lois de conservation en mécanique

De tout temps, on a cherché ce qui pouvait rester constant dans la nature, pour se rassurer peut-être. En mécanique, on énonce des lois de conservation.

Conservation de la quantité de mouvement

Pour Jean Buridan, dans les années 1340 : *"Après qu'un corps a été mis en mouvement, il n'a plus, pour se mouvoir, besoin d'aucun moteur ; la quantité de mouvement qu'il a reçu une fois pour toute y suffit. Ce n'est pas à la persistance du mouvement qu'il faut chercher des causes ; c'est à l'affaiblissement et à la destruction du mouvement."*

Il ajoute : *"les mouvements des cieux sont soumis aux mêmes lois que les mouvements des choses d'ici-bas ...; il y a une Mécanique unique par laquelle sont régies toutes les choses créées, l'orbe du soleil comme le toton qu'un enfant fait tourner."*

Et encore : *"Dès la création du Monde, Dieu a mû les cieux de mouvements identiques à ceux dont ils se meuvent actuellement ; il leur a imprimé alors des impetus[1] par lesquels ils continuent à être mûs uniformément ; ces impetus, en effet, ne rencontrant aucune résistance qui leur soit contraire, ne sont jamais ni détruits ni affaiblis..."*

C'est le principe de *conservation de la quantité de mouvement*.

En l'absence de la force antagoniste de frottement , il n'y a

---

[1] Ce que Buridan appelle impetus est assimilable à ce que Descartes dénomma quantité de mouvement. *"Donnez-moi de l'étendue et du mouvement, et je vous construirai le monde."* déclara René Descartes.

aucune modification dans la quantité de mouvement d'un objet : $mV =$ **constante**, expression dans laquelle m est la masse et V la vitesse de l'objet.

La conservation de la quantité de mouvement représente l'un des principes les plus fondamentaux en physique. Il est particulièrement utile lors de chocs entre particules entrant en collision dans un système isolé. On l'utilise abondamment en théorie cinétique des gaz, ou au jeu de billard par exemple.

Conservation des forces vives

Christian Huygens, puis Gottfried Leibniz, se proposent de résoudre le problème des chocs entre particules à l'aide des quantités mV^2 qui sont introduites sans signification physique particulière. Ils observent que ces quantités se conservent avant et après le choc, qu'il y a donc là un principe général de physique, qui fut longtemps dénommé : *le principe de conservation des forces vives*. Leibniz étudiait les corps en mouvement et les dégâts qu'ils pouvaient provoquer lors d'un choc. Pendant l'impact, la force vive ne se perd pas mais se transforme en mouvement interne des particules constituant le corps.

Leibniz en conclut que dans un système de points matériels, c'est la somme mV^2, la *force vive*, qui demeure constante, et non pensait-il, comme l'estimait Descartes, la somme mV, c'est-à-dire la *quantité de mouvement*.

Il publia, en 1686, un article intitulé : "**Démonstration courte de l'erreur mémorable de Descartes**". Alors que la quantité de mouvement cartésienne se mesure par le produit de la masse par la vitesse, Leibniz calcule le produit de la masse par le carré de la vitesse, et soutient que cette quantité est la seule qui se conserve. Cette conception de Leibniz reçue notamment l'approbation des Bernoulli.

Toute la communauté des physiciens fut sens dessus dessous, et une intense polémique se développa. Cette querelle, dite des forces vives, dépassa de loin la physique.

À chaque fois qu'il le pouvait, Voltaire interférait avec les scientifiques, par des interventions qui en irritaient beaucoup, car il maniait sa plume avec une dextérité redoutable.

Lettre 1530 à Mairan, Bruxelles, 5 Mai 1741

Franchement, Leibniz n'est venu que pour embrouiller les sciences. Ce Koenig, élève de Bernoulli, qui nous apporta à Cirey la religion des monades, me fit trembler, il y a quelques années, avec sa longue démonstration qu'une force double communique en un seul temps une force quadruple. Ce tour de passe-passe est un de ceux de Bernoulli, et se résout très facilement. Je suis fâché que mes amis se soient laissés prendre à ce piège, et encore plus de la querelle qui s'est élevée. Mais il ne faut pas gêner ses amis dans leur profession de foi ; et moi qui ne prêche que la tolérance, je ne peux pas damner les hérétiques. La paix vaut encore mieux que la vérité.

On lui doit aussi cet avis : *La querelle devint aussi sérieuse que le fut autrefois celle des ursulines et des annonciades, qui disputèrent à qui porterait plus longtemps des œufs à la coque entre les fesses sans les casser.*

Lettre de Voltaire à Johann Bernoulli, 1739

"Votre illustre père dans une lettre qu'il écrit à Mme la marquise du Châtelet prétend que je me donne des airs de ne pas croire aux forces vives."......

Voltaire étudiait les sciences avec Émilie du Chatelet, en fait il en fut plutôt l'élève, un élève dissipé. Il trouvait que ses progrès scientifiques n'étaient pas à la hauteur de ses efforts. *"Tous les individus ont des aptitudes diverses ; celui-ci a du talent pour les mathématiques, celui-là pour la musique. Dieu a donné la voix aux rossignols et l'odorat aux chiens."* Voltaire discernait peut-être qu'il avait peu de facilités pour les mathématiques et il cessa d'y consacrer beaucoup de temps pour l'employer à des travaux philosophiques et littéraires dans lesquels il brillait bien davantage. Clairaut, un des plus grands mathématiciens de son temps, l'y encourageait : *"Laissez les sciences, lui disait-il, à ceux qui ne peuvent pas être poètes."*

Finalement, qu'est-ce qui se conserve ?

$$\mathbf{mV} \text{ ?} \qquad \text{ou} \qquad \mathbf{mV^2} \text{ ?}$$

Les idées émises par Leibniz furent précisées beaucoup plus tard. On en déduisit, en particulier, le théorème de l'énergie cinétique.

Forces vives, forces mortes

Faisant la distinction entre *forces vives* et *forces mortes*, Leibniz mit une belle pagaille à partir de 1690.

La *quantité de mouvement* $\mathbf{mV}$ s'exprime en kg.m/s ou en $kg.(m/s^2).s$, soit une force multipliée par un temps. En gros, Leibniz l'assimile à la force morte.

La *force vive* $\mathbf{mV^2}$ s'exprime en $kg.m^2/s^2$ ou $kg.m/s^2.m$; c'est le produit d'une force par un déplacement. Pour nous aujourd'hui, c'est un travail ou encore une énergie, en Joules.

Comme on ne savait pas encore très bien manipuler le calcul intégral et différentiel, Leibniz, bien qu'il en fut l'inventeur, butte sur un problème mathématique, et la métaphysique, rarement absente des raisonnements de l'époque, associée à sa doctrine ne facilitait pas les explications. Si bien que ses démonstrations semblent ambigües et sa pensée difficile à saisir. D'où des explications pour le moins nébuleuses aussi bien chez ses partisans que chez ses détracteurs.

Émilie du Châtelet dans son livre, *les institutions de physique*, tente de trouver une synthèse satisfaisante entre Descartes, Newton et Leibniz. La querelle des forces vives montre la confusion qui régnait, à l'époque, entre quantité de mouvement, énergie (le mot n'existait pas encore), travail, force.

Les prémices de l'énergétique

Les deux notions : *quantité de mouvement* $\mathbf{mV}$ et *Énergie cinétique* $1/2\mathbf{mV^2}$ cohabitent comme on va le montrer ci-après.

Les collisions

Les collisions entre objets sont régies par les deux lois de la quantité de mouvement et de l'énergie cinétique.

- La loi de la conservation de la quantité de mouvement stipule que la quantité de mouvement totale d'un système isolé, sans force extérieure, est conservée. De la quantité de mouvement peut être transférée d'un objet du système à un autre, mais la quantité de mouvement totale sera maintenue. La quantité de mouvement totale d'un système isolé, composé de deux molécules en collision, seulement sujettes à leurs interactions mutuelles, demeure constante.

- La quantité totale d'énergie d'un système isolé est constante.

  - Dans le cas des solides élastiques, les contraintes sont liées aux déformations. Tant que l'on reste sous une valeur limite de la contrainte appliquée, la loi reliant contraintes et déformations est linéaire et réversible : c'est la loi de Hooke. Le choc entre deux objets est dit élastique si les deux objets qui se percutent rebondissent sans laisser subsister de déformations dans les zones d'impact.

    Dans ces conditions, la quantité totale d'énergie cinétique d'un système isolé reste constante de part et d'autre de cette collision. On obtient une collision parfaitement élastique dans le cas limite d'un corps indéformable. Par exemple, le choc entre deux boules de billard est considéré comme élastique (Figure 1).

    La conservation de la quantité de mouvement donne :

    $$m_1 \vec{V_1} + m_2 \vec{V_2} = m_1 \vec{V_1'} + m_2 \vec{V_2'} \qquad (1)$$

    La conservation de l'énergie cinétique donne :

    $$1/2 m_1 V_1^2 + 1/2 m_2 V_2^2 =$$
    $$1/2 m_1 V_1'^2 + 1/2 m_2 V_2'^2 \qquad (2)$$

    À partir des masses m_1, m_2 et des vitesses initiales $\vec{V_1}, \vec{V_2}$ connues, la résolution de ce système d'équations fournit les vitesses $\vec{V_1'}$ et $\vec{V_2'}$, c'est-à-dire les vitesses résultantes en grandeur et direction.

- Dans une collision non-élastique, l'énergie cinétique initiale ne se conserve pas, elle change de forme. Le choc est dit non-élastique lorsque les corps qui se rencontrent subissent des déformations permanentes. Dans ce cas, une partie de l'énergie cinétique est soutirée pour la déformation et on la retrouve sous forme de chaleur. Si la collision produit aussi du bruit, la conversion se fera en partie sous forme d'énergie sonore.

- Il y a aussi les chocs mous ; les 2 corps qui se rencontrent restent accrochés l'un à l'autre. Par exemple, un insecte qui s'écrase sur le pare-brise d'une voiture est représentatif d'un choc mou, mais on s'écarte de notre problème.

Les systèmes de points matériels

Dans n'importe quel système, composé de points matériels ou de corps en nombre quelconque, et qui peut être par exemple constitué par une masse fluide, on distingue des forces extérieures exercées sur les divers éléments du système et des forces intérieures exercées par certains éléments du système entre eux.

Le travail des forces intérieures ne dépend que des déformations du système. Il serait nul si le système était indéformable.

L'énergie cinétique se conserve donc en l'absence de travail des forces extérieures (système isolé) et en l'absence de travail des forces intérieures (système indéformable). C'est le cas lors du choc supposé élastique entre deux molécules dans un système isolé.

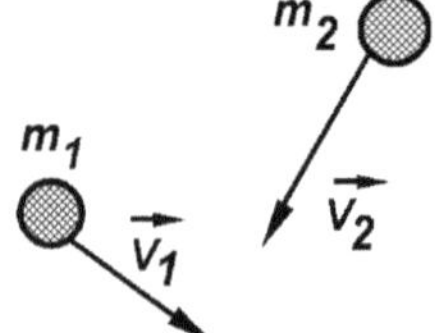

Fig. 1 - *Collision parfaitement élastique entre deux corps indéformables (conditions initiales)*

Lors d'une collision élastique, le choc de deux corps se produit sans déformation. Les deux lois de conservation sont vérifiées : conservation de la quantité de mouvement et conservation de l'énergie cinétique (Figure 1). Les collisions de molécules dans la théorie cinétique des gaz parfaits sont considérées comme élastiques, si bien que les deux lois de conservation peuvent être appliquées. C'est par confort et non pas par raison, que la théorie cinétique des gaz utilise cette hypothèse très (trop) simplificatrice.

La conservation de la quantité de mouvement vaut quel que soit le type de collisions : collisions élastiques entre boules de billard, collisions non-élastiques entre objets déformables ou choc mou.

Par contre, la loi de conservation de l'énergie cinétique a un champ de validité réduit : elle n'est justifiée que pour les collisions élastiques.

Conservation de l'énergie (aspect mécanique)

La loi de la conservation de l'énergie, limitée à la mécanique ouvre la voie au principe de conservation de l'énergie, plus général, qui sera énoncé avec la thermodynamique.

- Énergie potentielle

L'*énergie potentielle* d'un corps de masse m placé à une hauteur h est : $\boldsymbol{Ep = mgh}$ (3)

C'est une forme d'énergie emmagasinée dans le corps, elle peut se transformer en énergie cinétique.

- Énergie cinétique

L'*énergie cinétique* de ce corps se déplaçant à la vitesse V est :
$\boldsymbol{E_C = 1/2mV^2}$ (4)

Application de la conservation de l'énergie à la chute des corps

Lorsque la masse m est en position haute, toute l'énergie est alors potentielle, accumulée et prête à être relâchée. Lors de la chute, cette énergie potentielle initiale se transforme au fur et à mesure en énergie cinétique (en l'absence de frottement).

Dans ces conditions, l'énergie mécanique totale reste constante durant la chute :

$$E = E_p + E_c \qquad (5)$$

L'énergie est toujours conservée lorsqu'elle change de forme.

Lorsque les frottements sont négligés, l'énergie mécanique E d'un corps est donc constante. Le principe de conservation de l'énergie énoncé ci-dessus est donc correct, mais il ne s'applique en toute rigueur que lorsque les effets visqueux sont absents (Fig. 2).

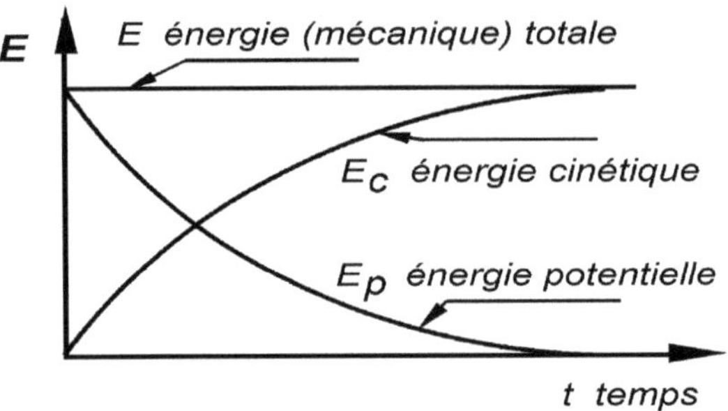

Fig. 2 - *Conservation de l'énergie, limitée à la mécanique, lors de la chute d'un corps*

Non-conservation de l'énergie mécanique, due au frottement

Dans une situation réelle, le frottement de l'air se manifeste : une partie de l'énergie cinétique est progressivement convertie en énergie thermique. L'énergie potentielle n'est pas perturbée par le frottement. L'énergie totale E n'est plus constante. Le système n'est plus conservatif.

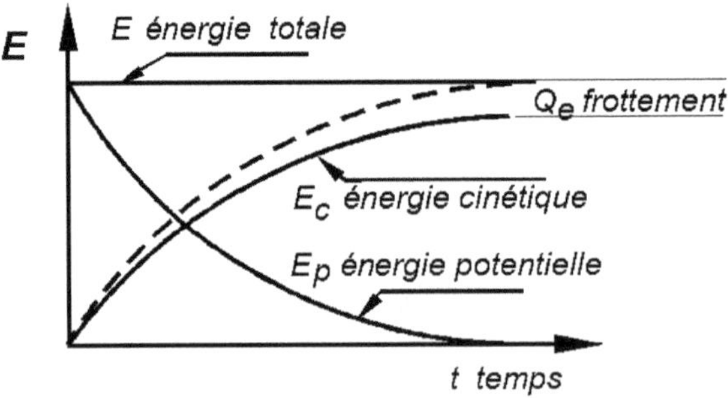

Fig. 3 - *Non-Conservation de l'énergie mécanique, lors de la chute d'un corps. Effet des irréversibilités*

Outre l'énergie cinétique et l'énergie potentielle, un nouvel élément intervient dans le mouvement : la chaleur produite par le frottement (Figure 3).

Il faut donc revoir le principe de conservation de l'énergie de la seule mécanique (5) et le généraliser au cas réel en tenant compte de l'énergie thermique échangée avec le milieu extérieur :

$$E_{tot} = E_p + E_c + Q_e \tag{6}$$

expression dans laquelle Q_e représente la quantité de chaleur échangée par le système avec l'extérieur, produite par le travail des forces de frottement.

Finalement, on note que les lois de conservation vues ci-dessus ne sont exactes qu'en l'absence de frottements.

De la Mécanique à la Thermodynamique

L'intervention de la température et des quantités de chaleur contraint la Mécanique à faire appel à la Thermodynamique pour obtenir les relations supplémentaires nécessaires.

Les théorèmes de la Mécanique sont alors étendus à ces systèmes plus généraux, en excluant toujours toute hypothèse sur la structure intime de la matière, et en supposant seulement que les corps, continus au sens macroscopique, *obéissent aux principes de la Thermodynamique qui couvrent ceux de la Mécanique.*

Un système thermodynamique, plus général qu'un système mécanique subit des actions qui comportent non seulement des forces comme dans les systèmes mécaniques, mais aussi des actions liées à des différences de température. Il échange donc avec ce milieu certaines quantités de travail, de chaleur ou d'autres sortes d'énergie.

Origine de la thermodynamique

Denis Papin utilisait déjà l'action de la chaleur pour montrer, en 1690, que l'on pouvait en extraire du travail mécanique.

Nicolas Sadi Carnot cherchait à percer le mécanisme de la conversion de chaleur en travail, au début du XIXe siècle, afin de mieux comprendre le fonctionnement des machines à vapeur, qui apportaient leur aide aux hommes sans qu'ils connaissent vraiment les lois qui les régissaient. En 1824, il publie ses immortelles *Réflexions sur la puissance motrice du feu et sur les machines propres à développer cette puissance.*

Sadi Carnot était passionné par la chaleur et l'économie politique et avait compris que, sans machines à vapeur, l'Angleterre n'aurait jamais eu l'armement qui avait brisé les espoirs napoléoniens. Pour éviter toute confusion, notons que son neveu appelé également Sadi Carnot, fut Président de la République. Ce sont Lazare Carnot, son père, et Sadi Carnot, son neveu qui reposent au Panthéon.

La machine de Carnot : une référence universelle

Pendant longtemps, seuls l'air et l'eau furent utilisés comme sources d'énergie naturelle. Le feu ne fut pendant des millénaires, qu'une source de lumière et de chaleur, sans servir à la production d'énergie mécanique.

La France a plus de montagnes et de rivières et moins de charbon que l'Angleterre : ceci suffit à expliquer l'engouement au XIX ème siècle pour les machines hydrauliques en France (Fourneyron, Poncelet, Morin,...) et pour les machines à vapeur en Grande-Bretagne (Savery, Newcomen, Watt, ...). Les machines à vapeur virent donc le jour en Angleterre en se basant sur les idées originales de son précurseur en 1690 : Denis Papin.

> L'étude de ces machines est du plus haut intérêt, leur importance est immense, leur emploi s'accroît tous les jours. Elles paraissent destinées à produire une grande révolution dans le monde civilisé.

Extraits de l'ouvrage de Sadi Carnot (1824)

Rejoignons Sadi Carnot pour le suivre dans ses réflexions géniales et universelles sur les machines à feu[2].

---

[2]La chaleur nécessaire à la production d'énergie mécanique était alors obtenue par une combustion. On dispose maintenant de l'énergie solaire et de l'énergie nucléaire.

Clément Desormes (titulaire de la chaire de chimie industrielle du CNAM) parmi d'autres, avait attiré l'attention sur les problèmes liés à la chaleur, d'abord pour tenter d'évaluer le zéro absolu des températures, ensuite pour l'étude du pouvoir mécanique de la chaleur.

Sadi Carnot, un des auditeurs de Desormes, avait connaissance de ces travaux lorsqu'il rédigea ses *"Réflexions sur la puissance motrice du feu et sur les machines propres à développer cette puissance "* en 1824. Les ouvrages de son père, le général Lazare Carnot, furent aussi pour Sadi Carnot, une source fondamentale d'inspiration.

> Malgré les travaux de tous genres entrepris sur les machines à feu, malgré l'état satisfaisant où elles sont aujourd'hui parvenues, leur théorie est fort peu avancée, et les essais d'amélioration tentés sur elles sont encore dirigés presque au hasard.

Sadi Carnot fut le premier à comprendre que l'origine du travail produit par la machine à vapeur était liée au transfert de chaleur de la source chaude à la source froide, entre la chaudière qui produit la vapeur et le condenseur qui ramène cette vapeur à l'état liquide.

> Les machines qui ne reçoivent pas leur mouvement de la chaleur, celles qui ont pour moteur la force des hommes ou des animaux, une chute d'eau, un courant d'air, etc., peuvent être étudiées jusque dans leurs moindres détails par la théorie mécanique. Tous les cas sont prévus, tous les mouvemens imaginables sont soumis à des principes généraux solidement établis et applicables en toute circonstance. C'est là le caractère d'une théorie complète. Une semblable théorie manque évidemment pour les machines à feu.

On lui doit d'avoir compris l'importance des transformations cycliques et d'avoir mis en lumière la notion de réversibilité qui caractérise leur réalisation parfaite. Cette notion lui a permis de saisir le fonctionnement effectif des machines en supprimant par la pensée toutes sortes d'éléments qui camouflaient l'essentiel du processus.

Comme souvent, les réalisations précèdent les théories, mais ne peuvent progresser tant que la compréhension des phénomènes physiques et les principes sur lesquels elles s'appuient n'ont pas été révélés.

Les notions essentielles de chaleur et de température n'étaient pas encore clairement établies. Pour Lavoisier, la chaleur était une substance matérielle, mais dénuée de masse, appelée *calorique* et était donc indestructible[3]. Laplace et beaucoup d'autres s'en montraient les ardents défenseurs.

> Pour envisager dans toute sa généralité le principe de la production du mouvement par la chaleur, il faut le concevoir indépendamment d'aucun mécanisme, d'aucun agent particulier ; il faut établir des raisonnemens applicables, non seulement aux machines à vapeur, mais à toute machine à feu imaginable, quelle que soit la substance mise en œuvre et quelle que soit la manière dont on agisse sur elle.

Dans son immortel mémoire, Carnot a naturellement fait usage d'un langage conforme à la doctrine alors régnante de la matérialité et de l'indestructibilité du calorique, mais ses déductions sont, par essence même, indépendantes de cette conception inexacte et elles ont été ultérieurement mises en accord avec la physique par Clausius et Kelvin.

À l'époque, on pensait que la quantité de chaleur fournie à une machine à vapeur par la chaudière se retrouvait intégralement dans le condenseur. Carnot corrigea de lui-même, par une note ultérieure,

---

[3]Lavoisier aurait probablement abandonné cette notion si, en tant que fermier général, on ne l'avait pas envoyé à l'échafaud (1794) pendant la terreur, au motif d'avoir mis de l'eau dans le tabac pour nuire à la santé des Français.

le concept incorrect de calorique utilisé dans son texte.

Il a donc fallu qu'il s'appuie sur des concepts préexistants mal définis. Néanmoins, il réussit dans un sublime effort d'abstraction à énoncer un certain nombre de propositions qui sont les bases de la thermodynamique.

Substance mise en œuvre - Fluide de travail

La transformation n'est possible que si la chaleur a un véhicule matériel. Ce rôle est tenu par un fluide élastique (gaz ou vapeur) permettant les transferts le long d'un cycle.

Machines à vapeur

Les machines à feu au temps de Carnot étaient essentiellement des machines à pistons dans le cylindre desquelles s'effectuaient les transformations qui permettaient de récupérer un travail moteur sur un arbre. Il est plus aisé de décrire le cycle des turbines à vapeur modernes dans lesquelles les transformations s'effectuent en série dans des endroits différents de la machine.

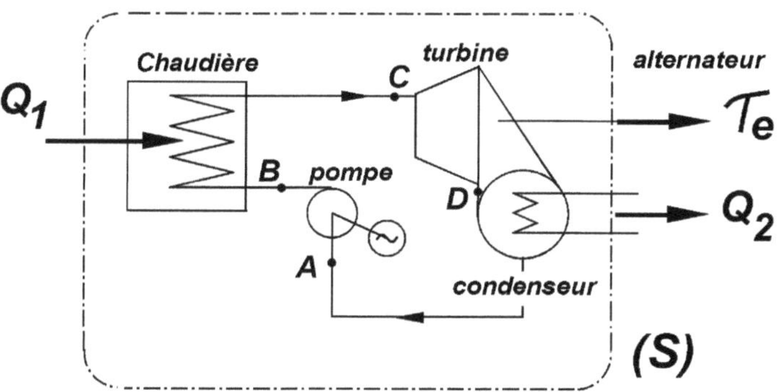

Fig. 4 - *Schéma d'une machine à vapeur*

Ces différentes étapes d'un cycle à vapeur sont d'abord une compression AB de l'eau dans une pompe alimentaire, puis une vaporisation BC due à une combustion dans une chaudière, une détente CD dans une turbine et enfin un retour au point initial du cycle par une condensation DA de la vapeur d'eau (Fig.4).

Toute machine imaginable, au sens de Carnot, revient à considérer le volume de contrôle (S) en Fig. 4 comme une boîte noire isolant une machine quelconque (turbine à gaz par exemple) de l'extérieur.

Toute machine imaginable contenue dans (S) échange avec l'extérieur :

- Une quantité de chaleur Q_1 pénètre dans le système (S),
- Du travail τ_e sort du système ; c'est un travail net prenant en compte tous les travaux échangés dans le système de contrôle (S) (entraînement d'une pompe par exemple),
- Une quantité de chaleur Q_2 est rejetée de (S).

Machine de Carnot

Carnot imagine une machine parfaite. Pour que le rendement de cette machine soit maximum, la condition nécessaire évidente est qu'elle corresponde à la perfection. Elle ne doit, en particulier, être le siège d'aucun frottement mécanique qui réduirait le travail produit en en retransformant une partie en chaleur. Les opérations doivent aussi être suffisamment lentes pour que les échanges thermiques puissent s'effectuer le plus correctement possible.

Pour qu'une telle machine soit parfaite, on dit, en thermodynamique, qu'elle ne doit être le siège que de transformations réversibles. Les transformations réversibles sont une suite continue d'états d'équilibre. En changeant infiniment peu les facteurs de l'équilibre, on peut les réaliser dans un sens ou dans le sens opposé.

Puisque le cycle de cette machine idéale néglige toute irréversibilité, elle constitue donc une vue de l'esprit.

Le cycle de Carnot est le processus cyclique réversible de la machine de Carnot. Cette machine produit du travail à partir de deux sources de chaleur à températures différentes.

On doit à Clapeyron et Clausius d'avoir rendue plus aisée la compréhension de l'œuvre de Carnot en utilisant la représentation en diagramme (p,v - pression, volume) puis en diagramme (T,S - Température-Entropie).

Les points représentatifs des divers états du fluide sur le diagramme (p, v) par exemple, forment une courbe fermée (Fig. 5). Chacun de ses points a un point correspondant sur le circuit parcouru par le fluide. Par exemple, tous les points compris entre C et D se rapportent à l'évolution dans la turbine.

Si on considère alors une particule fluide déterminée, en même temps qu'elle parcourt le circuit fermé physique qui lui est propre, son point représentatif décrit sur le diagramme un cycle fermé.

En chaque point, son état est caractérisé par les variables (p pression, v volume) lues sur le diagramme de Clapeyron. Sur ce diagramme (Fig.5), le cycle de la machine idéale de Carnot est représenté par le quadrilatère curviligne ABCD comportant :

- en AB une compression isentropique (adiabatique réversible) dans un compresseur,
- en BC une isotherme réversible représentant l'échange calorifique avec la source chaude,
- en CD une détente isentropique dans une turbine,
- en DA une isotherme réversible représentant l'échange calorifique avec la source froide,

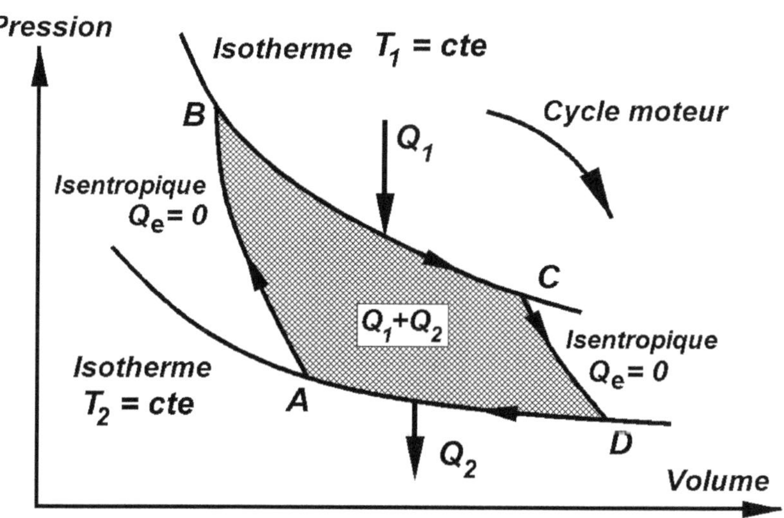

Fig 5 - *Cycle de Carnot*

Kelvin proposa, vers 1850, d'adopter une échelle thermométrique ayant un caractère universel et qui n'est donc pas liée à des propriétés des corps évoluants. On a donné à la température ainsi définie le nom de température absolue ou thermodynamique T. Utilisons, dès à présent dans ce texte, la température absolue en unités Kelvin même si elle est postérieure à l'œuvre de Carnot.

On note :

- T_1, température absolue de la source chaude.
- Q_1, transfert thermique avec la source chaude (apport calorifique au cycle).
- T_2, température absolue de la source froide.
- Q_2, transfert thermique avec la source froide (rejet calorifique à la source froide).

La source de chaleur à la température T_1 a fourni au cycle la quantité de chaleur Q_1 ; la source la plus froide à T_2 a reçu une quantité de chaleur plus petite Q_2 rejetée du cycle.

Le cycle de Carnot a utilisé la quantité de chaleur Q_1. Cette quantité de chaleur $Q_1 > 0$ n'a pas pu être intégralement transformée en travail. Le cycle restitue la quantité de chaleur $Q_2 < 0$ à la source froide ; cette quantité de chaleur abandonnée à la source à la température la plus basse ne peut plus être utilisée par la machine.

Seule la quantité de chaleur $(Q_1 + Q_2)$ représentée par l'aire du cycle ABCD sur le diagramme de Clapeyron a été transformée en travail τ_e fourni à l'extérieur.

> **Le second principe de thermodynamique**
> (ou principe de Carnot)

Le second principe de thermodynamique exprime le fait, vu précédemment, que de la chaleur doit toujours être rejetée au cours d'un cycle. Ce principe de Carnot, indique donc qu'il est impossible de construire une machine cyclique qui extrairait de la chaleur d'un réservoir et fournirait un travail mécanique équivalent. Une partie de la chaleur disponible est nécessairement rejetée dans l'environnement.

Le premier principe de thermodynamique
(ou principe de conservation de l'énergie)

Le premier principe, qui fut établi curieusement vers 1845, c'est-à-dire bien après l'énoncé du second principe par Sadi Carnot, exprime d'une manière très générale, la conservation de l'énergie lors de ses transformations multiples. Ce premier principe est une généralisation du principe de conservation de l'énergie de la mécanique prenant maintenant en compte l'énergie calorifique, en particulier. Carnot avait donc deviné le second principe de thermodynamique avant même que le premier principe soit formulé par Helmholtz (1847), Mayer et Joule.

Puisque le cycle partant d'un état initial A bien déterminé retrouve ce même état après avoir décrit un circuit fermé au cours duquel il échange successivement de la chaleur avec les 2 sources, il n'a accumulé aucune énergie. Le fluide de travail parcourant le cycle n'a pas été altéré. Pour tout cycle, dont celui de la machine de Carnot (Fig. 5), le premier principe de thermodynamique s'écrit donc :

$$\tau_e + Q_e = 0 \tag{7}$$

avec :

$$\tau_e < 0 \qquad Q_e > 0$$

• La quantité de chaleur Q_e échangée avec l'extérieur au cours du cycle est :

$$Q_e = Q_1 + Q_2 > 0$$

• L'énergie calorifique dépensée (fournie par le carburant à la source chaude) est :

$$Q_1$$

• Le travail fourni par le cycle à l'extérieur (donc négatif) est :

$$|\tau_e| = Q_1 + Q_2$$

Fournissant du travail mécanique à l'extérieur, le cycle de Carnot est un cycle moteur. On observe qu'un tel cycle moteur est parcouru dans le sens des aiguilles d'une montre sur les diagrammes thermodynamiques (Fig. 5).

Rendement thermique de la machine de Carnot

La machine de Carnot a donc permis de soutirer la quantité de chaleur Q_1 à une source de chaleur et de produire le travail mécanique τ_e.

Si la quantité de chaleur Q_2 versée à la source froide est à un niveau thermique trop bas pour être utilisée, on peut la considérer comme perdue pour le cycle et écrire par conséquent, que la transformation d'énergie thermique en énergie mécanique est affectée d'un certain rendement.

Le rendement thermique η du cycle de Carnot est le rapport entre le travail moteur fourni à l'extérieur et la quantité de chaleur dépensée Q_1 :

$$\eta = \frac{|\tau_e|}{Q_1} = \frac{Q_1 + Q_2}{Q_1} = 1 + \frac{Q_2}{Q_1} \qquad (8)$$

Égalité de Carnot-Clausius

Cette relation, montrant que le rendement de la machine de Carnot est fonction des quantités de chaleur échangées avec les sources, incita Kelvin à définir une échelle de température qui ait un caractère universel.

Un effort supplémentaire de détermination des énergies échangées au cours du cycle, prenant en compte les apports de Lord Kelvin (alias William Thomson) sur les températures absolues, montrerait que l'on a :

$$\boxed{\frac{Q_1}{T_1} + \frac{Q_2}{T_2} = 0 \qquad (9)}$$

Cette expression dite de Carnot-Clausius ouvre la voie à l'entropie. Lors d'une transformation réversible cyclique, la quantité Q/T est constante. Elle est transférée de la source chaude à la source froide. Le système reçoit Q_1/T_1 de la source chaude et restitue Q_2/T_2 ($= Q_1/T_1$) à la source froide. Notons que lors des transformations adiabatiques réversibles du cycle de Carnot, on a $Q/T = 0$ car les échanges de chaleur avec l'extérieur y sont nuls.

Compte tenu de l'expression (9) précédente, il vient :

$$\eta = 1 + \frac{Q_2}{Q_1} = 1 - \frac{T_2}{T_1}$$

$$\boxed{\eta = 1 - \frac{T_2}{T_1}} \qquad (10)$$

Le rendement de la machine de Carnot ne dépend que des températures absolues des sources chaude et froide ; il est donc indépendant de la nature du fluide évoluant dans les machines.

Il est alors nécessaire de préciser ces notions de température et de chaleur, lesquelles sont essentielles pour entrer en thermodynamique. Ces deux notions, assez souvent confondues, sont très différentes, même si elles sont liées.

Température et quantité de chaleur

Pour établir une distinction entre ces deux concepts de température et de chaleur, ce fut une longue histoire. On ne la commentera pas ici pour ne pas embrouiller le lecteur avec des idées dépassées, mises au clair depuis le milieu du XIXe siècle. Il est nécessaire de bien assimiler ces deux notions car l'entropie définie ci-après est leur rapport.

- La **température** , que l'on sait mesurer avec un thermomètre, indique le degré d'agitation des molécules. Plus les molécules d'un gaz sont agitées, plus sa température est élevée. À 0K (zéro degré absolu ou zéro degré Kelvin = -273,15 °C), il n'y a plus d'agitation dans le monde microscopique ; les molécules sont figées.

- Le transfert thermique communément appelé **chaleur** est une quantité d'énergie (en Joules) qui fait varier la température d'un corps. Par exemple, la conduction est un phénomène de transfert de chaleur qui se propage pour modifier la température d'un milieu, donc permet de changer le degré d'agitation dans le monde moléculaire de ce milieu. Prenons deux gaz à températures différentes et mettons-les en contact. Les molécules du gaz chaud sont plus agitées, et excitent celles du gaz froid. Les molécules côté froid sont donc activées davantage, alors que celles du gaz chaud sont ralenties. On dit que le gaz chaud cède de la chaleur au gaz froid. La chaleur passe naturellement de la source chaude à la source froide. Les deux gaz échangent de la chaleur. La chaleur est une énergie, elle s'échange.

On distingue correctement la chaleur, on la perçoit mais pas la température ! Lorsqu'on pose la main sur un radiateur à une certaine *température* constante, ce radiateur nous transfère une *quantité de chaleur* et nous en transfère d'autant plus que l'on aura posé la main plus longtemps sur lui. La température de notre main augmente au fur et à mesure. La chaleur apparaît comme étant une notion quantitative dépendant de la durée du contact, alors que la température est de nature qualitative.

Un exemple fameux, bien connu, consiste à tremper la main gauche dans un bol d'eau chaude, et la main droite dans un bol d'eau froide, puis à mettre ensemble les deux mains dans un récipient d'eau tiède : la main gauche donne l'impression que l'eau est froide alors que la main droite vous dit que l'eau est chaude ! C'est pourtant une eau à la même température.

Pour apprécier l'entropie, il faut bien saisir les deux notions précédentes qui n'ont pas toujours paru évidentes : échange de chaleur et température.

Clapeyron et Clausius découvrent l'œuvre de Carnot

Les travaux de Sadi Carnot n'ont pas sombré dans l'oubli grâce à Clapeyron et Clausius. Kelvin, pour sa part, développa les idées de Carnot en relevant que le rendement d'une machine de Carnot fonctionnant entre deux sources de température est une fonction universelle des températures absolues de ces sources.

Découvrant, au hasard de ses recherches, l'ouvrage délaissé :

"Réflexions sur la puissance motrice du feu " de Sadi Carnot, Rudolph Clausius en comprit immédiatement la portée.

Il complète l'énoncé de la deuxième loi de la thermodynamique (1850), et inventa le concept d'entropie en 1865.

Rudolf Clausius, approfondissant les travaux de Carnot, va leur donner une cohérence nouvelle. Carnot et Clausius sont de manière indissociable les législateurs de la thermodynamique.

> *Carnot's view as to the work performed during a Cyclical Process.*
>
> Carnot, who was the first to remark that in the production of mechanical work heat passes from a hotter into a colder body, and that conversely in the consumption of mechanical work heat can be brought from a colder into a hotter body, and who also conceived the simple cyclical process above described (which was first represented graphically by Clapeyron), took a special view of his own as to the fundamental connection of these processes

Texte de Rudolph Clausius   (1865)

Entropie

Clausius a désigné par la lettre S la valeur Q/T et lui a donné le nom **"entropie"**. Il choisit ce nom pour faire écho au nom **énergie** qui désigne sous une même appellation le *travail* et la *chaleur*. James Prescott Joule avait précédemment démontré, en 1845, l'équivalence entre le travail et la quantité de chaleur. Ces deux grandeurs s'expriment aujourd'hui en unités d'énergie : le joule.

Clausius justifie son choix dans : *"Sur diverses formes des équations fondamentales de la théorie mécanique de la chaleur "* (1865) :

> *"Je préfère emprunter aux langues anciennes les noms des quantités scientifiques importantes, afin qu'ils puissent rester les mêmes dans toutes les langues vivantes ; je proposerai donc d'appeler la quantité S l'entropie du corps, d'après le mot grec ητρøπη une transformation. C'est à*

> *dessein que j'ai formé ce mot entropie, de manière qu'il se rapproche autant que possible du mot énergie ; car ces deux quantités ont une telle analogie dans leur signification physique qu'une analogie de dénomination m'a paru utile."*

Cycle de Carnot et diagramme entropique (TS)

La relation de Carnot-Clausius (9) est valable pour un cycle à 2 sources, mais aussi pour un cycle en contact avec un nombre quelconque de sources. Si on considère, en effet, le cas d'un cycle avec un très grand nombre de sources où les températures de deux sources successives sont proches et où les quantités de chaleur échangées avec chacune des sources est faible, alors nous sommes à la limite conduits à utiliser les notations du calcul différentiel et intégral et à écrire la relation de Carnot-Clausius :

$$\int_c \frac{dQ_e}{T} = 0 \qquad (11)$$

Cette relation est valable pour tout cycle fermé quelconque *réversible*.

Lors d'une **transformation ouverte réversible** C_1 d'un système passant d'un état 1 à un état 2, qui peut être une portion d'un cycle (Fig. 6), l'intégrale :

$$\int_1^2 \frac{dQ_e}{T}$$

est indépendante du chemin parcouru. Pour le vérifier, on peut constituer un cycle fermé avec la transformation C_1 suivie d'une autre transformation réversible C_2 quelconque qui boucle le cycle. Pour le cycle ainsi formé la variation d'entropie est nulle et le chemin suivi pour tracer ce cycle n'a aucune influence sur le résultat.

Cette intégrale est donc égale à la différence des valeurs d'une fonction S entre ces deux points, fonction dont la valeur ne dépend que des caractéristiques (p,v,T) du point considéré.

$$\int_1^2 \frac{dQ_e}{T} = S_2 - S_1 \qquad (12)$$

Cette fonction S ainsi définie est **l'entropie** du système, c'est une fonction d'état, comme le sont la pression, la température, etc.

Lorsqu'on passe d'un état initial à un état final, la différence de pression, la différence de température, etc. ne dépendent pas du chemin suivi pour passer de l'état initial à l'état final. Par contre, le travail échangé qui dépend du chemin suivi n'est pas, lui, une fonction d'état.

Comme l'énergie interne U ou l'enthalpie h, la fonction entropie S n'est définie qu'à une constante près.

L'accroissement d'entropie lors d'un processus réversible, est dû entièrement aux apports calorifiques extérieurs.

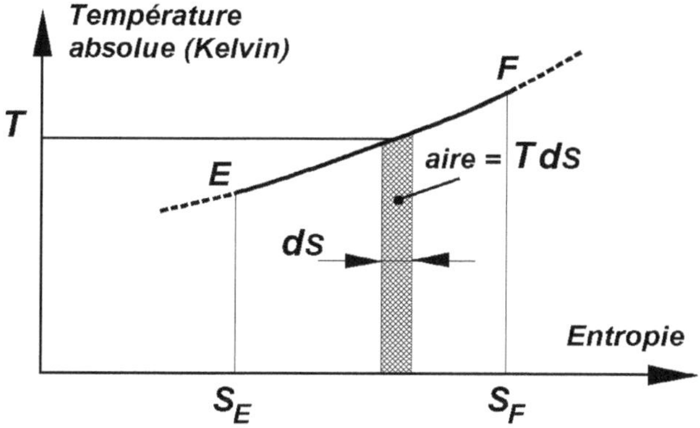

Fig 6 - *Représentation de $Q_e = \int T dS$*
sur un diagramme entropique

On comprend l'intérêt d'utiliser le diagramme entropique (T,S) pour représenter les évolutions en thermodynamique. La figure 6 montre une évolution réversible arbitraire tracée sur un diagramme entropique.

Pour une transformation réversible, la chaleur échangée avec l'extérieur est représentée par une aire sur un diagramme TS.

$$dQ_e = TdS \quad \longrightarrow \quad Q_e = \int TdS$$

Représentation du cycle de Carnot sur un diagramme entropique (TS)

Le cycle de Carnot est représenté par un rectangle dans le diagramme entropique TS (Fig.7). Pour ce cycle on a :

- $Q_1 = T_1(S_C - S_B)$, la quantité de chaleur Q_1 est représentée par l'aire positive S_B, B, C, S_C
- $Q_2 = T_2(S_A - S_D) \longrightarrow Q_2 = -T_2(S_C - S_B)$, représentée par l'aire négative S_A, A, D, S_D

La quantité de chaleur échangée avec l'extérieur est donc représentée par l'aire du cycle, c'est-à-dire par l'aire positive A, B, C, D.

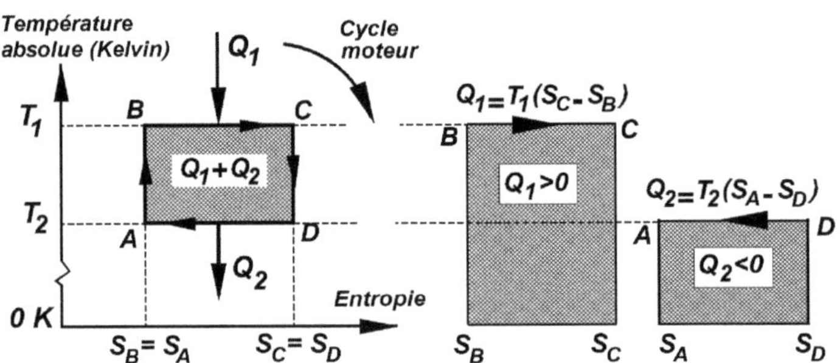

Fig 7   *Cycle de Carnot sur un diagramme entropique*

Nécessité de deux sources de chaleur - Principe de Carnot

> *Partout où il existe une différence de température, il peut y avoir production de puissance motrice.*

Sadi Carnot (1824)

Cette citation, appelée principe de Carnot, constitue l'un des énoncés du second principe de thermodynamique.

Si on recueille effectivement du travail, c'est bien, comme l'avait discerné Carnot, grâce à la disponibilité d'une deuxième source de chaleur. Elle a une température nécessairement inférieure à celle de la première. Et c'est précisément parce qu'il y a une telle différence de température que la production d'un travail est possible.

La source froide est nécessaire car elle permet la création d'un écoulement entre les deux sources ; écoulement sur lequel on sous-trait une partie de l'énergie sous forme de travail.

Source froide

La plupart du temps, la chaleur restante est cédée à l'ambiance, c'est-à-dire à notre environnement. Cette chaleur rejetée provoque une élévation de la température ambiante jugée très faible.

Et on a pu considérer pendant longtemps, par manque de discernement, que le réservoir atmosphérique était presque infini et que sa température était donc constante. Ce qui est manifeste-ment inexact comme on s'en rend compte de plus en plus de nos jours avec le réchauffement climatique.

Analogie avec les turbines hydrauliques ou les éoliennes

> D'après les notions établies jusqu'à présent, on peut comparer avec assez de justesse la puis-sance motrice de la chaleur à celle d'une chute d'eau : toutes deux ont un maximum que l'on ne peut pas dépasser...

Sadi Carnot (1824)

Une éolienne est une turbomachine de détente qui extrait aussi une certaine puissance sur le vent. Elle n'arrête pas le vent. Elle soutire une partie de l'énergie cinétique du vent et restitue à l'aval un vent au contenu énergétique affaibli. L'énergie cinétique subtilisée au vent entraîne des vitesses en aval plus faibles qu'en amont.

Cycle de Carnot inverse

Le cycle de Carnot étant composé d'opérations réversibles, il peut être décrit en sens inverse, de manière lente et réversible. On peut alors enlever une certaine quantité de chaleur Q_2 à la source froide et fournir une quantité de chaleur Q_1 à la source chaude au prix d'un certain travail τ_e fourni par le milieu extérieur. Ce cycle inverse consomme du travail et permet d'enlever de la chaleur à la source froide ; c'est le modèle de base d'une machine frigorifique ou d'une pompe à chaleur (Fig.8).

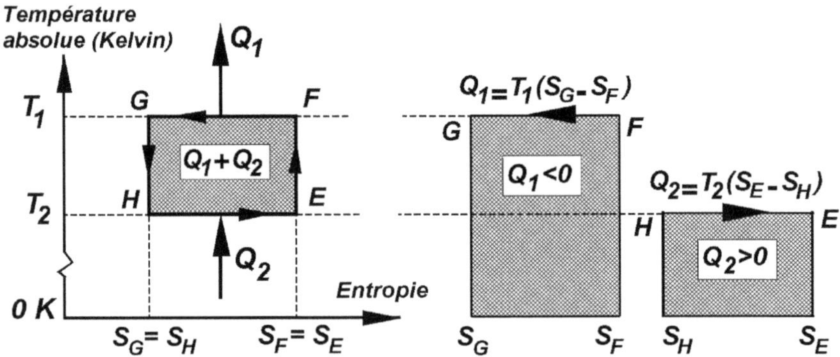

Fig 8   *Cycle de Carnot inverse sur un diagramme TS*

Ce cycle réversible se compose des évolutions :

• compression EF isentropique (adiabatique réversible),

• condensation FG où le fluide de travail frigorigène cède sa chaleur au milieu extérieur,

• détente GH isentropique,

• évaporation au cours de laquelle la chaleur prélevée à la source froide est transférée au fluide de travail.

Postulat de Clausius

C'est ce cycle de Carnot inverse qui conduisit Clausius à énoncer son postulat : ***"Le passage de la chaleur d'un corps froid à un corps chaud n'a jamais lieu spontanément ou n'a jamais lieu sans compensation."***

Spontanément ou *sans compensation* veut dire qu'une telle transformation n'est possible que si elle est liée à une modification faisant intervenir le milieu extérieur.

L'expression citée par Clausius est plus directe : ***"Heat cannot, of itself, pass from a colder to a hotter body. "***

New Fundamental Principle concerning Heat.

Various considerations as to the conditions and nature of heat had led the author to the conviction that the tendency of heat to pass from a warmer to a colder body, and thereby equalize existing differences of temperature (as prominently shewn in the phenomena of conduction and ordinary radiation), was so intimately bound up with its whole constitution that it must have a predominant influence under all conceivable circumstances.   He thereupon propounded the following as a fundamental principle: "Heat cannot, of itself, pass from a colder to a hotter body."

Exposé du postulat de Clausius (1865)

Retour sur le second principe de thermodynamique

La proposition de Clausius est fondamentale. Elle conforte l'énoncé de Carnot en le précisant et devint le deuxième principe de la thermodynamique, principe qui permet de prévoir le sens des transformations. Ce que ne permet pas du tout le premier principe. Kelvin donne un énoncé distinct de celui de Clausius, mais équivalent : *"À l'aide d'un système qui décrit un cycle et qui n'est en contact qu'avec une seule source de chaleur, il est impossible de recueillir du travail."*

Le postulat de Clausius ne dit nullement qu'il est rigoureusement impossible de faire passer la chaleur d'un corps froid à un corps chaud, mais seulement qu'un échange dans ce sens ne peut se faire spontanément qu'avec un apport d'énergie.

Pratiquement, on sait comment procéder au transport de la chaleur d'un corps froid vers un corps chaud ou, pour parler le langage de la thermodynamique, d'une source froide vers une source chaude.

Le schéma de l'opération est alors celui représenté sur la figure

9b dans lequel la quantité de chaleur Q_2 est extraite de la source froide et où la quantité de chaleur rendue à la source chaude est désignée par Q_1.

En écrivant que l'énergie sortante du système est égale à l'énergie entrante, forme d'application rapide du premier principe de thermodynamique, on trouve :

$$Q_1 = Q_2 + \tau_e$$

On renvoie donc à la source chaude plus de calories qu'on en a retiré de la source froide et la différence est l'équivalent du travail dépensé.

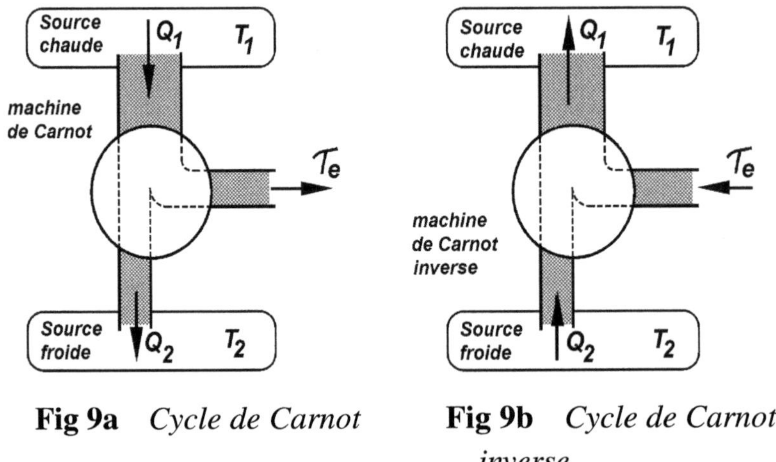

Fig 9a   *Cycle de Carnot*   **Fig 9b**   *Cycle de Carnot inverse*

• Dans les pompes à chaleur, la source froide est l'atmosphère où sont puisées les calories qui sont ensuite reversées à un appareil de chauffage (source chaude) où leur température augmentée en permet l'utilisation.

• Dans les machines frigorifiques, la source chaude est l'atmosphère et la source froide est la capacité qu'il s'agit de refroidir par enlèvement de calories.

Conclusion sur la machine de Carnot

Les déductions des travaux initiés par Sadi Carnot, et complétées par Clausius et Kelvin en particulier, sont universelles. Elles s'appliquent aux machines thermiques de nos jours comme les turbines à vapeur, les réacteurs aéronautiques, les moteurs d'automobile, etc, et même les mobylettes. Ces réflexions concernent donc toutes sortes de machines fonctionnant avec des fluides différents (eau, air, ammoniac, fluides frigorigènes, etc.).

On utilise la tendance naturelle des écoulements d'aller du chaud vers le froid pour interposer nos machines et récupérer du travail.

- Pour des cycles fermés, la transformation d'énergie calorifique en énergie mécanique n'est possible que si l'on dispose de deux sources de chaleur à températures différentes.
- Cette transformation n'est jamais complète, car la quantité de chaleur prélevée à la source chaude n'est transformée que partiellement en travail, le solde étant renvoyé à la source froide.

On notera que le cycle de Carnot et le cycle de Carnot inverse (décrits dans ce chapitre) utilisent des transformations qui sont réversibles. Et ces transformations, bien qu'elles soient parfaites, conduisent à une irréversibilité dans le cycle en précisant le sens dans lequel se déroulent les phénomènes naturels. La chaleur va du chaud au froid et jamais du froid au chaud naturellement.

Le second principe de thermodynamique est basé sur l'observation de la dissymétrie entre chaleur et travail. Toute machine motrice imaginable doit disposer d'une source froide qui absorbe de l'énergie.

La Nature impose une dissymétrie :
- La chaleur disponible à la source chaude ne peut pas être transformée intégralement en chaleur.
- Le travail peut être intégralement transformé en chaleur. Et même tout travail sera intégralement transformé en chaleur.

Puisque la machine de Carnot est basée sur la réversibilité, donc sur la lenteur des transformations au cours du cycle, cette thermodynamique des systèmes réversibles est parfois appelée thermostatique.

Les analogies de la machine de Carnot avec les turbines hydrauliques et les éoliennes sont évidentes et permettent de mieux appréhender le second principe de thermodynamique.

Une turbine hydraulique, par exemple, subtilise de l'énergie sur un fluide s'écoulant du bief amont (analogue à la source chaude) vers le bief aval (analogue à la source froide). Le postulat de Clausius (adapté à ce cas) indique que l'eau dans le bief aval ne remontera jamais d'elle-même au bief amont.

Le paramètre significatif des machines thermiques est la chute de température, pour Sadi Carnot. Ses contemporains semblaient uniquement préoccupés par le travail des forces agissant sur le piston, issu de la mécanique newtonienne ; ils ne comprirent pas le point de vue exposé par Carnot basé sur la notion d'énergie, plus englobante. Ces travaux fondamentaux initiés par Sadi Carnot restèrent longtemps ignorés et demeurent parfois incompris encore de nos jours[4].

---

[4]Sur la frise de la tour Eiffel où ont été gravés en 1889 les noms de 72 savants français, celui de Carnot figure, mais il s'agit de son père Lazare Carnot, grand mathématicien et physicien. Les travaux de Nicolas Sadi Carnot n'étaient donc pas encore reconnus plus de 60 ans après la parution de son immortel ouvrage.

6   **Les inéluctables irréversibilités**

L'objectif recherché dans les premières machines à vapeur était d'obtenir beaucoup de travail avec le moins de charbon possible. Carnot trouva un résultat surprenant : le rendement d'une machine parfaite, c'est-à-dire sans irréversibilités ni pertes, ne dépend que des températures des sources chaude et froide. Elle ne dépend ni de la pression, ni du fluide utilisé. Pour obtenir la meilleure efficacité, la source chaude doit être à la plus forte température possible et la source froide à la plus faible température disponible, les autres variables n'ayant aucune importance.

Les conclusions de Carnot, tellement contraires à l'idée qu'on se faisait de ces monstres de ferraille bruyants, vibrant et fuyant de partout furent jugées farfelues et rapidement oubliées sauf par quelques penseurs dont Clapeyron qui eut l'élégance de reprendre dix ans après Carnot dans son " *Mémoire sur la puissance motrice du feu* " presque au mot près le titre du texte de Sadi Carnot pour attirer l'attention des milieux scientifiques sur l'œuvre de ce dernier.

La machine de Carnot est une machine parfaite sans irréversibilités, car les écoulements y sont supposés suffisamment lents. Il faut maintenant tenir compte ces inévitables irréversibilités pour compléter le chapitre précédent afin de se rapprocher de la réalité..

Dans une **transformation ouverte réversible** d'un système passant d'un état E à un état F (Figure 5.6), on a montré que l'intégrale (5-11) devient :

$$\int_E^F \frac{dQ_e}{T} = S_F - S_E, \quad ou : \quad \frac{dQ_e}{T} = dS \qquad (6-1)$$

L'accroissement d'entropie, lors du processus réversible, n'est dû qu'aux apports calorifiques extérieurs.

Lors d'une **transformation ouverte irréversible**, on a :

$$\int_E^F \frac{dQ_e}{T} < S_F - S_E, \quad ou : \quad \frac{dQ_e}{T} < dS \qquad (6-2)$$

Par voie irréversible, l'apport calorifique extérieur ne suffit plus pour expliquer l'accroissement d'entropie constatée. Il y a donc eu création d'entropie à l'intérieur même du corps en évolution. Cet accroissement est dû à la dégradation d'énergie mécanique en chaleur qui s'est produite par les irréversibilités. *Tout phénomène irréversible donne lieu à une création d'entropie.*

Production d'entropie

Remplaçons l'inégalité (6-2) par la relation d'égalité suivante :

$$TdS = dQ_e + d\tau_f \qquad (6-3)$$

Le terme $d\tau_f$ est le *travail dégradé* en chaleur.
Adaptons l'expression (6-3) précédente :

$$dS = \frac{dQ_e}{T} + \frac{d\tau_f}{T} \qquad (6-4)$$

Deux types d'apports participent donc à la variation d'entropie :

- Les contributions externes qui résultent des échanges de chaleur entre le système et l'extérieur, à travers l'enveloppe de ce système. dS_e est la variation d'entropie correspondante.

- Les irréversibilités internes. Les faits responsables sont très souvent de nature différente : frottements mécaniques, non-homogénéité de température conduisant à des échanges de chaleur, diffusion avec gradients de concentration, phénomènes de viscosité dans les gaz ou les liquides, etc. Le travail correspondant τ_f est décoordonné en chaleur. Toute irréversibilité interne crée de l'entropie : dS_i

La variation totale d'entropie d'un système est donc faite de la somme de deux termes, l'un dS_e (positif ou négatif) provenant des échanges de chaleur avec l'extérieur, l'autre dS_i (toujours positif) provenant des pertes internes.

$$dS = dS_e + dS_i \qquad (6-5)$$

Cycle réel d'une machine transformatrice d'énergie

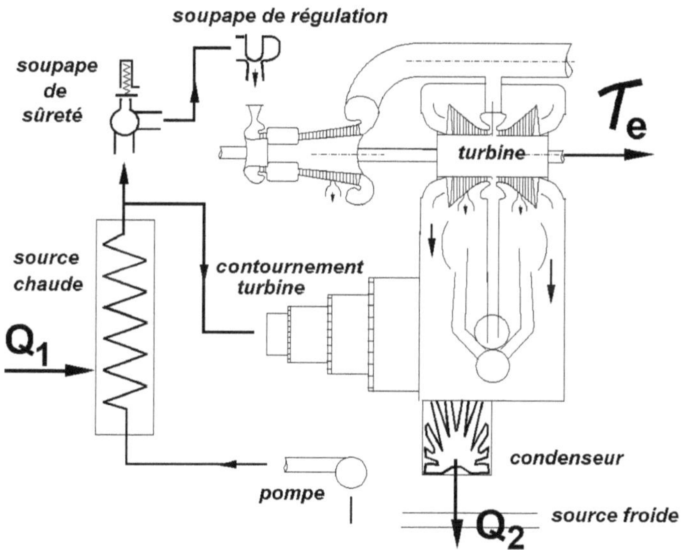

Fig. 6.1 - *Schéma d'une centrale thermique*

Le principe de conservation de l'énergie (5-7) appliqué à une machine réelle (figure 6.1) s'ecrit :

$$\tau_e + Q_e = 0$$

Pour la machine de Carnot réversible (indice R), on écrit :

$$\tau_{eR} + Q_{eR} = 0$$

Alors que pour la machine réelle (Figure 6.1), des irréversibilités de toutes sortes apparaissent, le premier principe tenant compte des irréversibilités (indice I) s'écrit donc :

$$\tau_{eI} + Q_{eI} = 0$$

Pour une quantité de chaleur Q_1 apportée à la source chaude, le travail fourni par le cycle est plus faible compte tenu des irréversibiltés $\tau_{eI} < \tau_{eR}$ et la quantité de chaleur échangée avec l'extérieur est donc plus importante, ce qui entraîne : $Q_{2I} > Q_{2R}$

La quantité de chaleur rejetée à la source froide est plus importante pour la machine irréversible que pour la machine de Carnot réversible de référence. $Q_{2I} > Q_{2R}$

Toutes les pertes du cycle se retrouvent globalement sous la forme de la perte à la source froide Q_2. Cette quantité qui regroupe la totalité de l'énergie non convertie en travail, augmente donc chaque fois qu'une modification du cycle, telle que l'introduction d'une irréversibilité supplémentaire, réduit le travail recueilli ; les variations de Q_2 et τ étant en valeur absolue égales.

Les rendements des cycles thermodynamiques sont donc d'abord affectés par l'irréversibilité naturelle due à la dissymétrie entre travail et chaleur. On vient de montrer que les irréversibilités internes affectent aussi notablement les rendements de cycle.

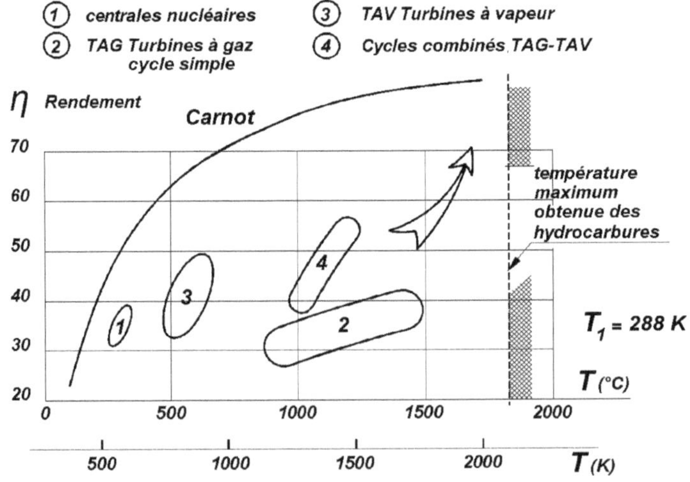

FIG. 6.2 - *Comparaison des cycles de production d'énergie mécanique*

Ces rendements sont maximum dans le cas de la machine de Carnot, puisqu'elle est parfaite. À titre d'information, on a reporté sur la figure 6.2 jointe, le rendement réel de divers cycles. On constate l'influence néfaste des irréversibilités de toutes sortes sur le rendement des centrales de production d'énergie électrique.

Le mal-aimé second principe de la thermodynamique

Le premier principe de la thermodynamique est basé sur le concept d'énergie : dans toute transformation d'un système isolé, n'échangeant rien avec l'extérieur, l'énergie est conservée. L'énergie est toujours préservée quand elle change de forme. Outre son application aux machines de production d'énergie mécanique, le deuxième principe de la thermodynamique implique aussi les irréversibilités rencontrées partout dans la nature, et fait intervenir une grandeur qui ne se conserve pas : l'entropie S. Le second principe de la thermodynamique stipule que l'énergie ne peut que se dégrader.

Comment est-il possible que l'énergie se conserve et se dégrade ?

Cette apparente contradiction a alimenté une intense controverse chez les scientifiques pendant des dizaines d'années au XIXe siècle. Il n'y a pas d'incompatibilité car c'est la qualité de l'énergie qui se dégrade et non sa quantité globale qui, elle, se conserve.

Avec les dégradations prises en compte par le second principe de thermodynamique, il y a maintenant un passé et un avenir, et aucun retour en arrière probable. Lorsqu'on casse un verre, il n'y a aucun moyen de retourner en arrière. Le verre est cassé ! Le verre est définitivement cassé ! Le temps apparut donc et se dota de sa flèche orientée vers l'avenir. Le second principe fut chargé de prendre en compte le désordre. L'entropie, nouvelle appellation du désordre, mesura la dégradation causée par des irréversibilités de toutes sortes. Dès lors, la symétrie des lois physiques était brisée. Avec l'entropie, on se mit à vieillir.

Les physiciens entretiennent avec le second principe de la thermodynamique des relations équivoques. Tout le monde préfère les charmes de la stationnarité et de la symétrie.

L'idée même de loi s'identifie, en physique, au concept de régularité et non à celui d'évolution. Dès l'Antiquité, les premiers phénomènes étudiés furent le mouvement régulier des étoiles. Les premiers grands principes énoncés par la science expriment la stationnarité : c'est le cas des lois générales de Newton et du principe du moindre action qui font intervenir simultanément le passé et l'avenir.

Le second principe de la thermodynamique, qui proclame l'irréversibilité des processus naturels et brise donc la symétie des lois de conservation, est apparu comme une idée à part fort dérangeante.

Le principe de Carnot allait contre le courant dominant et la loi de la croissance de l'entropie de Clausius, forme moderne du principe de Carnot semaient un grand trouble, y compris dans les consciences.

Les phénomènes de transport

Pour saisir le sens physique du second principe, il faut analyser comment la production d'entropie se rattache aux différents phénomènes irréversibles (diffusion de chaleur, diffusion de matière, effets dus à la viscosité, mais aussi réactions de combustion, etc.). En reliant les irréversibilités aux phénomènes de transport dans les fluides, on construit une passerelle entre le système macroscopique et les phénomènes microscopiques.

Les lois de transport moléculaire étaient connues depuis longtemps, mais c'est Onsager (1930) le premier qui a pensé à les relier à la création d'entropie. Puis De Donder, De Groot, Glandsdorff et Prigogine entre beaucoup d'autres ont prolongé ces travaux, ouvrant de nouveaux champs d'applications à la thermodynamique.

Lorsque deux parties de matière sont contigües, les différences de propriétés susceptibles d'exister entre elles tendent à s'homogénéiser avec le temps. Ceci implique des échanges ou transferts de propriétés mécaniques ou thermiques par l'intermédiaire des molécules. En effet, chaque molécule transporte de l'énergie et de la quantité de mouvement avec elle, dans son déplacement d'un point à un autre avant la collision avec une autre molécule.

• Transport de matière - diffusion moléculaire

Soit un mélange de fluide dans lequel la composition varie avec la position. S'il y a une plus grande proportion d'un certain type de molécules dans une partie, le flux principal de molécules ira de la plus grande concentration vers la plus faible. C'est la *diffusion moléculaire*, ou *Loi de Fick*, qui est un processus irréversible : le nouvel équilibre sera atteint à un niveau d'entropie plus élevé.

Lorsqu'on mélange des molécules bleues avec des molécules rouges, on obtiendra un cocktail de ton violet. Le phénomène de transport diffusif provoque ce mélange avec irréversibilités. Le phénomène est bien irréversible, car le retour en arrière est impossible. Allez donc séparer les molécules de lait et de café dans une tasse de café au lait, après les avoir mélangées. Les irréversibilités proviennent du mélange d'un nombre considérable de molécules.

Notons qu'au niveau microscopique, il n'y a eu aucun mélange, les molécules bleues sont restées bleues (idem pour les rouges). Vu depuis notre monde macroscopique, le mélange est bien de couleur mauve-violet, alors que chaque molécule a gardé sa couleur et son entière indépendance dans le milieu microscopique.

Quand on ouvre une bouteille d'eau de Cologne, son parfum se répand quasi-instantanément en toutes parts dans une pièce. La diffusion tend donc à égaliser la distribution moléculaire de la substance diffusante dans tout l'espace jusqu'à ce que l'équilibre statistique soit attcint.

• Transport d'énergie : conduction thermique

Le transport moléculaire d'énergie cinétique engendre l'effet macroscopique appelé *conduction thermique* ; c'est la *loi de Fourier*.

Deux régions fluides à températures différentes sont brutalement mises en contact (Fig. 6.3).

On sait, d'après la théorie cinétique des gaz que l'énergie cinétique moyenne d'une molécule est une fonction de la température. Ainsi les molécules qui migrent de manière aléatoire de la région la plus chaude vers la plus froide transportent avec elles beaucoup plus d'énergie cinétique que celles traversant dans la direction opposée.

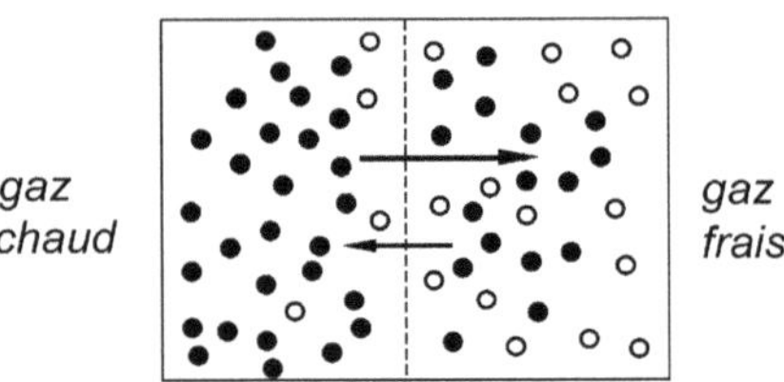

Fig. 6.3 - *Conduction thermique*

Un transport d'énergie s'effectue donc du côté chaud vers le côté froid (Figure 7.3). Par l'intermédiaire des collisions moléculaires, les molécules chaudes cèdent de l'énergie aux froides. Le fluide froid se réchauffe et le fluide chaud se refroidit jusqu'à l'obtention de l'état d'équilibre.

Quand les températures sont homogénéisées, ce flux d'énergie cinétique cesse et le système est en équilibre thermique.

Comme tous les processus de mélange, le transport d'énergie cinétique est irréversible, l'entropie du système augmente. Cependant, rien n'interdit qu'il puisse apparaître, fugitivement, des zones dans lesquelles, pendant un court laps de temps, l'entropie stagne ou même diminue si dans d'autres endroits il y a création d'entropie compensatrice de telle sorte que le second principe de thermodynamique soit satisfait.

La loi de Fourier est, comme la loi de Fick précédente, de nature statistique. Par exemple, la loi de la conduction thermique s'écrit (avec q, le flux de chaleur, λ, la conductivité thermique et dT/dx, le gradient de température) :

$$q = -\lambda \frac{dT}{dx}$$

C'est une loi linéaire ; elle n'est applicable que si la température change lentement avec la distance x. Sinon, on entre dans le domaine non-linéaire.

• Transport de quantité de mouvement : viscosité

Le transport moléculaire de quantité de mouvement conduit à l'effet macroscopique appelé *viscosité*. Il se manifeste dans les écoulements de fluide avec frottement interne dû aux variations de vitesse. La théorie cinétique des gaz permet de saisir la nature profonde de la viscosité et de la relier à l'agitation moléculaire.

Énergie et entropie

Oublions un instant que l'entropie est un concept issu des machines à vapeur pour ne retenir qu'elle augmente quand le désordre augmente. Cette augmentation d'entropie n'est pas due à l'apport de quelque chose ajouté physiquement à l'Univers. Elle signifie un accroissement du désordre dans l'Univers ; c'est-à-dire une diminution de la qualité de l'énergie. La quantité d'énergie demeure constante pendant que cette énergie se dégrade.

L'augmentation d'entropie dans un système correspond à l'accroissement du désordre, de l'énergie et de la matière dans ce système. L'entropie, c'est le désordre. Le concept d'entropie est beaucoup plus facile à assimiler que celui d'énergie. Un jeu de cartes neuf est en ordre, son entropie est basse. Un jeu de cartes, après quelques parties est désordonné et son entropie est plus élevée.

D'ailleurs, on a été très longtemps à ne pas savoir ce qu'était l'énergie : il a fallu attendre la relation $E = mc^2$ pour l'entrevoir.

L'entropie, avec les irréversibilités qui la nourissent, abîment les lois de conservation et suppriment la symétrie dans ces lois. Avenir et passé ne sont plus identiques. La preuve : on vieillit !

Les mouvements perpétuels et l'entropie

De tout temps, l'homme a cherché à construire des machines capables de fonctionner indéfiniment sans apport extérieur d'énergie. Ces inventions basées sur le mouvement perpétuel se heurtent aux principes de thermodynamique.

Les mouvements perpétuels de première espèce sont tous ceux qui violent le principe de conservation de l'énergie (premier principe).

Ceux de seconde espèce sont souvent plus intéressants, mais tout aussi saugrenus. Ils violent seulement le second principe, mais pas le premier. Les inévitables frottements de toutes sortes créent de l'entropie et détruisent tout espoir de réalisation.

Un apport d'énergie extérieur est, en effet, toujours nécessaire pour compenser ces irréversibilités internes.

Dans une balançoire pour enfant, il faut toujours un appoint d'énergie venu de l'extérieur pour entretenir le mouvement ; tous les pères de famille savent ça.

7   **Physique statistique**

Tandis que tous les systèmes de la mécanique rationnelle, parmi lesquels la théorie cinétique des gaz, sont symétriques par rapport au temps et donc réversibles ; le second principe de thermodynamique, avec ses irréversibilités, impose l'existence de la flèche du temps.

Clausius, bien qu'il ait contribué au développement de la théorie cinétique du gaz, voulait maintenir les principes de thermodynamique exempts de toute référence moléculaire. Avec Sadi Carnot, ils en ont ainsi fait une discipline purement macroscopique.

Ludwig Boltzmann, peu satisfait par l'aspect abstrait du second principe de la thermodynamique, en chercha une explication basée sur le comportement des molécules.

Il admet que ces molécules suivent les lois de la mécanique classique et se heurtent dans des collisions parfaitement élastiques. Ainsi la réversibilité est assurée, et donc le passé et le futur sont équivalents. Il choisit cette hypothèse pour être en conformité avec la théorie cinétique des gaz d'une part et aussi vraisemblablement pour ne pas être contre le courant dominant en physique de son époque.

Il réussit à montrer que la dégradation de l'énergie, mesurée par l'entropie, est liée au désordre régnant dans le monde moléculaire.

Mettre en évidence qu'un système de molécules évoluant de manière réversible conduit à des irréversibilités dans le monde macroscopique est un exploit qui ne fit pas l'unanimité et qui fut et continue à être abondamment discuté.

Son œuvre est à la base de la physique statistique, laquelle jette un pont qui était devenu indispensable, entre le monde microscopique et notre monde macroscopique, trop souvent et trop longtemps assimilé seulement à un milieu continu.

Éléments de la théorie cinétique des gaz

La théorie cinétique des gaz a été élaborée par Daniel Bernoulli au cours du XVIIIe siècle. Rudolf Clausius, James Maxwell l'ont développé lors de l'étude microscopique du comportement des molécules composant un gaz. Puis Boltzmann, vers 1880, pose les fondations de la mécanique statistique, laquelle sera formalisée par Gibbs en 1902.

D'après la théorie cinétique, le gaz est supposé formé de molécules, en mouvements aléatoires incessants, considérées rigides, sphériques et indépendantes dans le cas d'un gaz parfait idéal. Ces molécules ne sont pas en interaction, sauf pendant les collisions.

On suppose que toutes les collisions des particules entre elles ou avec les parois sont parfaitement élastiques. Au cours des chocs, on admet donc qu'il y a conservation de l'énergie cinétique et de la quantité de mouvement, hypothèses qu'il faudrait discuter davantage. Bref, on assimile les molécules à des boules de billard.

Cette théorie est de ce fait un peu grossière, néanmoins les conclusions remarquables qui en seront extraites justifient la poursuite du raisonnement. Elle permet, entre autres, de déterminer le nombre de chocs subis par une molécule pendant un laps de temps à l'intérieur d'un milieu gazeux homogène.

Pression d'un gaz

Quand une molécule heurte une paroi, sa quantité de mouvement mV avant l'impact se conserve après son rebondissement supposé parfaitement élastique sur la paroi. Ce sont ces molécules qui, lors de leur agitation et mouvements incessants, bombardent les parois des récipients en exerçant ainsi des impulsions qui nous apparaissent comme une poussée moyenne : la *pression*.

Plus les molécules sont nombreuses, plus elles s'entrechoquent et plus le nombre de rebonds est grand aux parois ; la pression augmente donc avec la quantité de molécules.

La théorie cinétique des gaz permet d'obtenir, avec les hypothèses retenues, des informations utiles sur le comportement moyen des molécules. On a ainsi accès à leur vitesse, leur énergie cinétique, leur fréquence de collisions, leur libre parcours moyen sans collision, etc. La détermination de ces valeurs montre qu'elles sont intimement liées à la température. Dans l'hypothèse où la température absolue T serait nulle, alors les molécules seraient figées et l'agitation serait donc nulle.

Exemples de valeurs numériques :

(pour les molécules d'oxygène)

- Vitesse moyenne : de l'ordre de 400 m/s,

- Libre parcours moyen entre deux collisions :

$\simeq 10 \times 10^{-8}\ m$

- Nombre de collisions (par litre) sous les conditions normales :
34520000000000000000000000000000 collisions/s
soit : $3,452 \times 10^{31}$ collisions/s. Ce qui n'est pas rien !

Passage d'un monde à l'autre

Lorsque depuis notre monde macroscopique, on observerait (si on en était capable) le monde microscopique fourmillant. Les notions définies en macroscopique deviennent de plus en plus floues et d'autres se manifestent :

- La pression dans un gaz est identifiée comme la force moyenne exercée par les molécules lors de leurs chocs sur les parois, comme il vient d'être vu,

- La température absolue est la manifestation macroscopique du degré d'agitation désordonnée des molécules,

- etc.

Les deux mondes microscopique et macroscopique sont radicalement différents :

- Le microscopique est discontinu, probabiliste, et généralement supposé réversible (en dehors de tout phénomène de mélange),

- Le monde macroscopique est continu, non-linéaire, irréversible.

Un état thermodynamique caractérisé par la donnée de quelques variables macroscopiques, est très mal connu à l'échelle microscopique. Une quantité gigantesque W de configurations microscopiques est compatible avec les variables thermodynamiques d'un système du monde macroscopique. Chacune des molécules a sa propre vitesse et une position dans une configuration donnée. On est donc en présence d'un nombre immense de variables, en nombre beaucoup plus important encore que le nombre de molécules. Rechercher dans quelle configuration microscopique particulière se trouve un système constitue un problème absolument inaccessible. Puisqu'on ne peut le savoir, il faut tenter de décrire la situation par une approche statistique.

La connaissance de la physique microscopique devrait permettre, en principe, de déduire les propriétés de n'importe quel système macroscopique à partir de la connaissance de ses constituants microscopiques. Mais un système macroscopique typique de la vie courante contient un nombre faramineux de molécules et la résolution d'un tel problème dépasse donc de loin les capacités des plus importants calculateurs actuels.

La détermination des propriétés macroscopiques d'un très grand nombre de molécules de fluide doit nécessairement prendre en compte les caractéristiques des éléments qui le composent, donc doit être d'ordre statistique. Ces théories statistiques, auxquelles il faut associer, outre les noms de Maxwell et Boltzmann, ceux de Bose et Einstein, puis ceux de Fermi et Dirac, ont permis de développer une interprétation probabiliste de l'entropie, qui complète et éclaire le second principe de thermodynamique.

Il suffit de quelques quantités physiques, comme la pression ou la température, pour caractériser les propriétés macroscopiques d'un système, alors qu'un nombre gigantesque de configurations du monde microscopique donne lieu au même état macroscopique.

Quelques molécules dans une boîte

Soit un gaz idéal parfait, pour lequel les molécules sont complètement indépendantes les unes des autres, sauf en période de chocs. Elles se déplacent à grande vitesse de manière aléatoire.

Mettons N molécules dans une boîte. Avec N grand, la situation serait trop complexe. Commençons avec peu de molécules et supposons la boîte divisée en deux parties : la gauche et la droite. Intéressons-nous à la distribution possible de trois molécules entrant en collision les unes avec les autres, et posons-nous la question : De combien de façons différentes les molécules peuvent-elles être distribuées entre les deux parties de la boîte ?

Trois molécules conduisent à 8 configurations (2^3). On le vérifie sur la figure 1. En moyenne, il est probable que l'on trouvera les 3 molécules dans la partie gauche (ou dans la droite) toutes les 8 configurations représentées. La probabilité correspondante est $1/2^3 = 1/8$.

Dans un enregistrement avec une caméra en 16 images/seconde, une fluctuation de cet ordre apparaîtrait donc toutes les 0,5 seconde, c'est-à-dire relativement fréquemment.

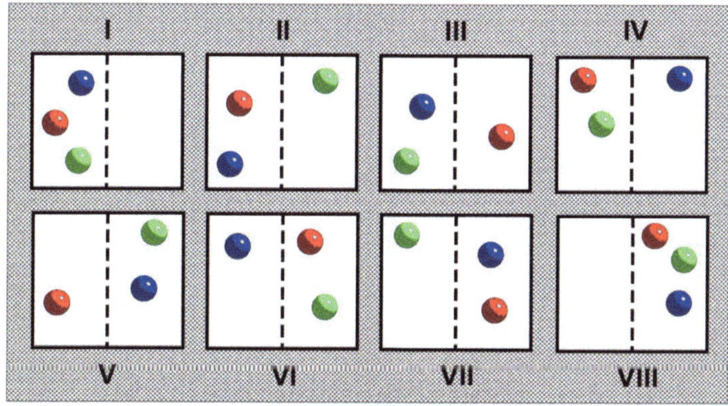

Fig. 1 *- Arrangements possibles*
de trois molécules dans une boîte.

En généralisant, N molécules conduiraient à (2^N) configurations avec une probabilité de $1/2^N$.

On peut donc s'attendre à trouver, en moyenne, une image

toutes les (2^N) configurations montrant toutes les molécules dans la partie gauche. La probabilité pour que ces N molécules se trouvent simultanément dans cette partie du réservoir est $1/2^N$. Cette probabilité tend donc rapidement vers zéro quand N croît.

Autrement dit, il n'y a pratiquement aucune chance que cette éventualité se produise quand le nombre de molécules N est grand, mais cette probabilité n'est pas rigoureusement nulle. Montrons-le plus concrètement.

Avec 40 molécules : on trouverait toutes les molécules dans une moitié de la boîte toutes les 2^{40} images du film en moyenne. On devrait filmer pendant plus de 2000 ans avant d'avoir une chance raisonnable d'obtenir une image montrant les 40 molécules dans la moitié gauche.

Avec 80 molécules, il faudrait filmer pendant des milliards d'années, soit un temps d'attente aussi long que l'âge de l'Univers, pour trouver une image montrant les 80 molécules dans une moitié de la boîte.

Finalement, les $2{,}7.10^{16}$ molécules contenues dans un réservoir d'un millimètre cube n'apparaîtront jamais ou presque dans seulement une des moitiés de ce réservoir ! Dans cette dernière phrase, tout est dans le *presque*, on y reviendra.

Nombre de molécules	Probabilité	Temps d'attente
3	1/8	0,5 s
10	1/1024	64 s
40	1/1,1 E12	2179 ans
60	1/1,15 E18	2,28 milliards années

On constate que le nombre de molécules joue un rôle impressionnant dans le résultat. On vérifie ainsi, de manière évidente, les effets de la *loi des grands nombres,* laquelle bouleverse le phénomène physique que l'on étudie.

Ordre et désordre

Dans la situation rarissime où toutes les molécules se massent dans une partie : on dit que les molécules ne sont pas distribuées au hasard, elles sont *ordonnées*.

Par ailleurs, une situation pour laquelle la distribution des molécules est presque uniforme dans le réservoir correspond à un grand nombre de configurations possibles. Une situation de cette espèce, qui peut être obtenue par énormément de manières différentes, est dite *désordonnée*.

Cette définition de l'ordre et du désordre indique que :

- l'*ordre* existe lorsque toutes les molécules sont dans l'une des parties du réservoir,

- le *désordre* est l'état le plus probable, qui est observé lorsque les molécules sont réparties le plus uniformément possible dans tout le réservoir.

Le mélange homogène des molécules : c'est le désordre et ce désordre est l'état le plus probable.

Collision de deux boules de billards

Il est plus commode et plus plaisant de raisonner avec des boules de billard qu'avec des molécules.

Sur une table de billard, faisons entrer deux boules en collision simple (pas d'effets, etc.). Après le choc, les deux boules repartent dans des directions opposées. On suppose le drap en bon état afin de pouvoir négliger les frottements (et être ainsi en conformité avec les hypothèses de la théorie cinétique des gaz). Imaginons que nous ayons filmé la collision et que nous projetions le film à l'envers. Cela équivaut à échanger les rôles respectifs du passé et de l'avenir, c'est-à-dire à inverser le cours du temps. Ce que l'on voit alors à l'écran, c'est un autre choc des deux boules, correspondant à une collision avec toutes les vitesses inversées.

Le point important est qu'un spectateur qui ne verrait que la projection du film inversé serait tout à fait incapable de dire si ce qu'il voit correspond à ce qui s'est réellement passé ou si le film a été effectivement passé à l'envers. La raison de cette ambiguïté est que la collision avec vitesses inversées est régie par les mêmes lois dynamiques que la collision réelle. Elle est donc tout aussi physique, au sens où elle est tout aussi réalisable que la collision originale. Autrement dit, une telle collision est réversible.

Sa dynamique ne dépendant pas de l'orientation du cours du temps, elle ne fait aucune distinction entre le passé et l'avenir. Pour elle, le cours du temps est arbitraire.

Collision d'un nombre gigantesque de molécules

Selon la physique statistique de Boltzmann, tous les phénomènes ayant lieu au niveau microscopique sont comme ces collisions de boules de billard, c'est-à-dire réversibles. Or à notre échelle, nous n'observons que des phénomènes irréversibles, on vieillit de mamière irréversible ! Dans notre domaine macroscopique, le temps ne se contente pas de passer : c'est l'ennemi, il crée, il use, il nous ennuie.

Admettons que le nombre de molécules soit énorme. La quantité physique qui permet de rendre compte du nombre de complexions aboutissant au même état macroscopique, c'est l'*entropie*. Elle n'a de sens, avec les hypothèses retenues, qu'au niveau macroscopique, et pour cette raison, beaucoup de physiciens refusent de la considérer comme une quantité fondamentale. Beaucoup d'entre eux pensent qu'ils n'ont même pas besoin de savoir qu'elle existe ; ce sont tous ceux qui, de la mécanique rationnelle à la mécanique quantique, opèrent dans les domaines où ne règne, d'après eux, que le principe de moindre action.

Entropie de Boltzmann

Sur la tombe de Ludwig Boltzmann dans le cimetière de Vienne, près de celle de Beethoven et de Schubert, est gravée en épitaphe l'équation :

$$S = k \log W \qquad (1)$$

Boltzmann remarque que l'on pouvait interpréter la crois-sance irréversible de l'entropie comme l'expression de la croissance du désordre moléculaire. Il détermine le nombre de configurations microscopiques W différentes donnant le même état macroscopique. Une entropie élevée signifie qu'il y a énormément de façons de la réaliser et une seule configuration possible conduirait à une entropie nulle.

Cette valeur W relative au désordre mesure la dispersion et la détérioration de l'énergie de plus en plus élevée.

La formule de Boltzmann est remarquable à plus d'un titre. Elle clarifie la nature de l'entropie, grandeur dont la thermodynamique se contentait de postuler empiriquement l'existence. L'entropie émerge en appliquant les lois de la mécanique à un grand nombre de molécules.

Chaque fois que nous rencontrons un désordre accru, nous avons une entropie accrue. C'est pourquoi l'entropie est un concept simple : il nous suffit juste de nous souvenir que c'est une mesure du désordre.

Reprenons en figure 2 une figure 7 d'un chapitre précédent pour la commenter davantage.

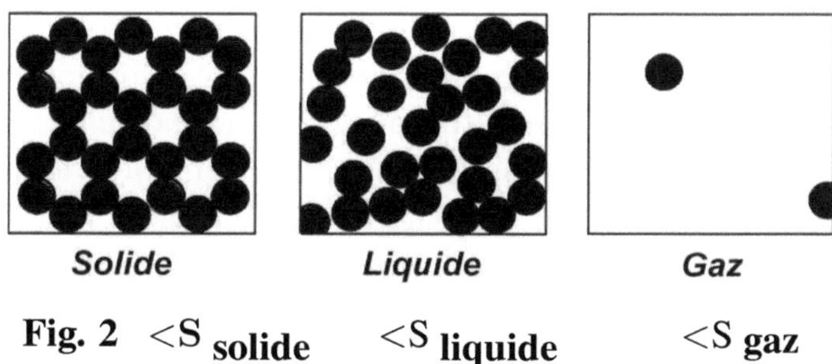

Fig. 2 $<$S $_{\text{solide}}$ $<$S $_{\text{liquide}}$ $<$S $_{\text{gaz}}$

Lorsqu'on chauffe un solide, ses molécules vibrent plus fortement, l'entropie augmente elle aussi. Il en va de même pour un liquide dont les molécules s'agitent plus vivement lorsqu'on le chauffe, ce supplément de désordre augmente l'entropie et il en va tout autant pour un gaz ; le mouvement désordonné augmente et l'entropie avec. Le chauffage augmente le désordre et donc l'entropie.

Cette application nous permet de vérifier la définition de

l'entropie donnée par Clausius. Un apport de chaleur au système ($Q_e > 0$) augmente effectivement l'entropie.

L'entropie des échantillons représentés sur les trois diagrammes précédents augmente progressivement du solide vers le gaz. Le diagramme de gauche représente l'arrangement ordonné des molécules d'un solide, et l'entropie est donc basse. Le diagramme central représente l'arrangement moins ordonné des molécules d'un liquide, et son entropie est plus élevée. Le diagramme de droite représente l'arrangement fortement chaotique d'un gaz où les molécules ont des trajets désordonnés, et son entropie est la plus haute.

Analogie avec un éternuement

La définition de Boltzmann semble bien éloignée de celle de Clausius. Peter Atkins rapproche les deux définitions en utilisant l'analogie avec un éternuement.

L'éternuement ressemble à un apport désordonné d'énergie, semblable à de l'énergie transférée sous forme de chaleur. Il n'est pas difficile d'admettre que plus l'éternuement est sonore et plus le désordre apporté dans une bibliothèque est grand. C'est la raison fondamentale pour laquelle le terme énergie fournie sous forme de chaleur apparaît au numérateur de la définition de Clausius : plus grande est l'énergie fournie sous forme de chaleur, plus grand est le désordre et plus grande l'augmentation d'entropie. La présence de la température au dénominateur s'accorde également avec l'analogie, avec cette conséquence que, pour un apport donné de chaleur, l'entropie augmente davantage si la température est basse que si elle est élevée. Un objet froid, dans lequel il y a peu d'agitation thermique, correspond à une bibliothèque calme. Un éternuement soudain entraînera un grand désordre correspondant à une forte augmentation d'entropie.

Un objet chaud, où se trouve déjà une forte agitation thermique, correspond à une rue animée. Un éternuement aussi sonore que celui dans la bibliothèque aura relativement peu d'effet, et l'accroissement d'entropie sera plus faible.

La direction naturelle du changement pointe vers un désordre toujours plus grand, que ce soit le désordre dans la matière ou le désordre dans l'énergie, le désordre de position ou le désordre thermique. L'ordre se dégrade naturellement en désordre, l'énergie se dégrade et se disperse. Qu'on le veuille ou non, le monde va de mal en pis, nous dit Atkins.

Le concept d'entropie est appliqué à des domaines de plus en plus variés, ci-après dans le désordre : biologie, sciences de l'information et de la communication, sciences sociales et politiques, sciences économiques, finances, astronomie, problèmes d'optimisation, cosmologie, astronomie, médecine, etc. Selon les cas, il a subi diverses métamorphoses.

Les manifestations de l'entropie sont si nombreuses que des mots sensiblement analogues tels que désordre, incertitude, complexité, manque d'information, irréversibilités, etc. pointent dans son sillage.

Le problème de la flèche du temps

Pour nous, passé et futur ne sont pas équivalents ; on se souvient en partie du passé, mais pas du tout de l'avenir. Cette dissymétrie entre passé et futur est la manifestation du cours même du temps.

Comment expliquer l'émergence de cette irréversibilité observée à l'échelle macroscopique à partir de lois physiques qui l'ignorent à l'échelle microscopique ? Ce problème de la flèche du temps est toujours ardemment discuté.

L'irréversibilité du temps est surtout due à notre méconnaissance des détails fins du niveau microscopique. Le temps semble acquérir une flèche lors du passage des lois microscopiques aux lois macroscopiques en raison du changement d'échelle.

D'après Boltzmann, l'agrégation statistique des lois réversibles de la dynamique des particules conduit à une équation macroscopique irréversible. L'irréversibilité surgit au bout des calculs, comme une propriété émergente caractéristique des systèmes complexes. Au niveau des particules, les équations sont réversibles, mais pas au niveau des systèmes complexes.

Le second principe de thermodynamique oriente le temps, lequel s'écoule dans la direction de l'accroissement de l'entropie.

Boltzmann réussit à montrer que cet accroissement inévitable de l'entropie est dû à ce que l'on perd de l'information. L'entropie apparaît comme de l'*information perdue*.

La mécanique statistique de Boltzmann semble montrer que la flèche du temps est orientée dans le sens des entropies croissantes. Ceci est manifeste pour un grand nombre de molécules. Dans le cas de quelques molécules, le passage du film à l'envers ne montrerait rien de flagrant.

D'autres 'thermodynamiques'

Il y a autant de 'thermodynamiques'différentes, qu'il y a de statistiques distinctes, soit basées sur des hypothèses différentes, soit s'appliquant à des objets différents, des molécules, des cartes, etc.

Si un enfant ramasse par terre un jouet et le met dans le coffre ad hoc, il a mis de l'ordre, il a augmenté notre information, et il a diminué l'entropie, ce dont il peut être fier. Mais ce n'est pas la même entropie que celle des thermodynamiciens puisque la statistique ne porte pas sur le même objet. Et cette diminution d'entropie est alors largement compensée par l'énergie dissipée lors du rangement, en accord avec le second principe.

Entropie d'un système en ordre et en désordre

**Fig. 3
Piques seuls
en désordre**

Il n'y a qu'une seule manière de mettre un jeu de 32 cartes en ordre. L'entropie de Boltzmann, appliquée au jeu de cartes, est alors :

$$S = k \ln(1) = 0$$

Il y a beaucoup de configurations désordonnées du jeu de cartes, on en dénombre :

$$1 \cdot 2 \cdot 3 \cdot 4 \cdot 5 \cdot \cdot \cdot \cdot \cdot 31 \cdot 32 = 32!$$

32! est appelé factorielle de 32, c'est un nombre considérable : $2,6313083693369 \cdot 10^{35}$.

Le jeu de cartes dans le désordre correspond à une configuration de forte entropie $S = k \ln(32!)$. Peu importe la façon dont sont arrangées les cartes, ce qui compte c'est qu'elles soient dans le désordre. Après avoir coupé le jeu initial, celui-ci est déjà dans le désordre. Lorsqu'on bat ensuite les cartes, le nouveau jeu obtenu sera au moins dans un désordre équivalent, a priori.

Évidemment, la configuration du jeu peut modifier le niveau entropique. Si par exemple, on ne mélange que les piques, alors les autres couleurs restent dans l'ordre (Figure 3). Le nombre de complexions diminue, il est d'environ factorielle de huit : 8! et le jeu de cartes est donc dans une configuration de moyenne entropie. On a beaucoup plus d'informations sur le système, donc l'entropie est relativement plus faible que lorsque le jeu est complètement battu sur ses quatre couleurs.

Dans le raisonnement statistique , on ne distingue que deux classes de configuration : l'ordre ou le désordre. La première n'a qu'un élément (l'ordre correct des cartes) tandis que la seconde a un nombre énorme d'éléments (tous les arrangements désordonnés possibles ou encore complexions).

Cet exemple illustre deux aspects essentiels de l'entropie :

- l'entropie est une mesure du désordre régnant dans un système physique,

- les systèmes physiques tendent (probablement) à évoluer vers des états de plus haute entropie.

La définition physique donnée à l'entropie par Boltzmann consiste à compter le nombre de réarrangements des molécules qui maintient inchangées les propriétés globales d'un système physique.

Boltzmann et le renversement du temps

On devait donc comprendre le phénomène suivant : si deux molécules se déplacent dans une boîte et se heurtent, leurs trajectoires sont complètement réversibles et on ne peut assigner de direction au temps. Si, par contre, on place des milliards de milliards de molécules dans la même boîte, alors la deuxième loi de la thermodynamique impose une flèche du temps à l'ensemble du système.

Selon Boltzmann, si on essaie de renverser la flèche du temps d'un système (ce qui revient à renverser les vitesses) avec un grand nombre de particules, on va à coup sûr se tromper. Et toute erreur, même infime, dans l'inversion des vitesses empêche le système d'être réversible et l'envoie plutôt vers un état d'entropie maximale. Cette explication paraissait un peu louche, car elle faisait intervenir le hasard dans des équations parfaitement déterministes.

Ce n'est qu'avec la théorie du chaos que l'explication de Boltzmann prit toute sa valeur. Car cette théorie permet de montrer que les trajectoires des molécules, même si elles suivent parfaitement les lois de Newton, divergent sous l'application de la plus faible des perturbations. Pour renverser la flèche du temps et diminuer l'entropie d'un système isolé, il faudrait renverser la vitesse de chacune des molécules avec une précision infinie, ce qui n'est pas possible.

Les explications théoriques qui permettent de comprendre l'irréversibilité d'une transformation appliquée à une multitude d'objets microscopiques en évolution individuelle réversible sont fournies par la physique statistique et la théorie du chaos. L'équation de Boltzmann s'obtient sur la base de l'hypothèse du chaos moléculaire.

Naissance du chaos moléculaire

Si dans un réservoir, toutes les molécules pouvaient avoir la même vitesse et la même direction (Figure 4). Il n'y aurait plus de chocs entre les molécules. Le nombre de complexions est égal à 1, l'entropie de Boltzmann est nulle car cet état est parfaitement ordonné. Il n'y a pas de création d'entropie.

On notera que la capacité pour cet agencement de référence, de se maintenir dans cet état ne peut se concevoir que si des informations sont transmises à chaque instant aux objets du système. Sans ces informations, la probabilité pour les molécules du système de se retrouver toutes dans le même état est absolument nulle.

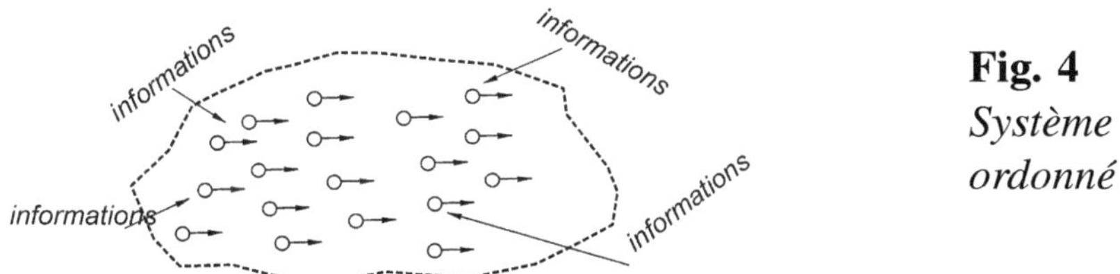

Fig. 4
Système ordonné

L'état ordonné correspond par exemple, à un gaz dont toutes les molécules se déplaceraient dans la même direction.

Un tel système ne peut se maintenir en l'état. Il est instable. Le plus petit aléa, comme le battement d'aile d'un papillon, provoquera une collision entre 2 molécules, et une réaction en chaîne immédiate déstabilisante. Le chaos moléculaire apparaît par une modification infime des conditions initiales.

L'entropie va donc croître et le système va atteindre son état le plus probable à l'équilibre thermodynamique. On atteint l'état désordonné, lequel est réalisé par l'immense majorité des configurations microscopiques.

Sensibilité aux conditions initiales : boules de billard

Utilisons un billard à 15 boules, plus la blanche. Les chocs ainsi que les rebonds sur les bandes suivent les lois de Snell-Descartes de l'optique géométrique.

Au début, prenons seulement 3 boules. Pour un joueur normal, il n'y a pas trop de difficulté, lors du premier coup, à ce que la boule blanche vienne heurter les deux autres boules.

Si on ajoute une quatrième boule au système, il faudra que le joueur soit plus précis pour que la carambole ait lieu.

Si on continue à ajouter des boules, la précision à donner à l'angle de départ du coup devra sans cesse être améliorée.

Le plus petit écart d'angle initial, par rapport à l'optimum calculé entraînera des déviations des angles de réflexions, déviations qui vont s'amplifier après chaque collision. Si bien qu'une boule en aval finira par ne plus être l'objet de la collision prévue et que tout le système de boules va être désorganisé.

- Le système est déterministe : les trajectoires sont aisément calculables.

- Mais le système est imprévisible. Pour espérer faire une prédiction, il faudrait une connaissance très précise des conditions initiales.

Si on essaye, par la pensée, de renverser toutes les vitesses de toutes les boules pour revenir en arrière et ainsi faire diminuer l'entropie, la moindre perturbation l'en empêchera et le système ne pourra plus reparcourir sa trajectoire initiale à l'envers. Le système a oublié d'où il vient. De l'information a été perdue.

Pour quelques boules, le comportement semble réellement réversible. C'est la transition vers les ensembles nombreux d'objets qui fait apparaître le plus souvent les phénomènes irréversibles.

La création d'entropie est due à la perte d'information, liée à la sensibilité aux conditions initiales, lors de collisions multiples d'objets. Ainsi, un système complexe se désorganise progressivement par impossibilité de se souvenir de ses états antérieurs. Lors de l'homogénéité statistique qui constitue l'état d'entropie maximum, notre ignorance sur l'état du système moléculaire est maximum.

> **L'ordre est le plaisir de la raison ;
> mais le désordre est le délice
> de l'imagination.**
>
> *Paul Claudel*

> **L'ordre est la vertu des médiocres.**
>
> *Albert Einstein*

Ordre et Désordre

Le bureau d'Albert Einstein (1955)

(Crédit photo Ralph Morse pour LIFE)

" Si la vue d'un bureau encombré

évoque un esprit encombré

alors que penser

de celle d'un bureau vide ? "

Albert Einstein

8   Le chaos déterministe

Le chaos est partout dans la nature, en nous et autour de nous. Il désigne le désordre, la chienlit, la pagaille, la gabegie, le tohu-bohu, etc. Quand les choses sont chaotiques, elles sont aléatoires, imprévisibles, irrégulières, erratiques. L'opposé du chaos est l'ordre, la régularité, la prévisibilité et le déterminisme.

En physique, on distingue deux types de chaos :

• Le chaos généralisé qui concerne des phénomènes complètement désordonnés,

• Le *chaos déterministe* qui s'insère entre le chaos généralisé et l'ordre. Dans ce cas, on accole des mots dont les sens semblent contradictoires. Il concerne des phénomènes dont les comportements sont complexes, confus, désordonnés en apparence mais qui vont s'avérer, contre toute attente, munis d'une certaine structure.

Système linéaire et déterminisme

Un système est linéaire quand les effets sont proportionnels aux causes. C'est un *système déterministe* car on peut prévoir son comportement.

La physique regorge d'équations différentielles, et on peut parfois les approcher par des équations linéaires. Les systèmes linéaires sont souvent utilisés pour décrire un système non-linéaire en minimisant ou en ignorant les non linéarités.

Au temps de Newton, on observait les phénomènes, on les mettait en équations qu'il "suffisait" de résoudre en utilisant le calcul différentiel. Les mouvements d'une planète, celui d'un point matériel, celui d'une molécule ou d'un virus qui sont régis par les mêmes lois, devenaient prédictibles. Le futur était supposé prévisible et on pensait que l'Univers était réglé comme une horloge. C'était l'époque du déterminisme absolu.

Pierre Simon de Laplace l'annonce ainsi :

*"Donnez-moi les coordonnées du passé et du présent
de n'importe quel système et je vous dirai son futur."*

Mais, si on savait écrire les équations, des difficultés apparaissaient lors de leur résolution. Alors on simplifia ces équations ; c'est-à-dire qu'on les linéarisa. Dans de nombreux cas, on assimile ainsi la courbe d'évolution d'un phénomène à sa tangente en un point, comme savent si bien le faire les mathématiciens lorsqu'ils dérivent une fonction. Les délicats problèmes non-linéaires sont ainsi ramenés à des problèmes linéaires beaucoup plus simples à analyser.

Henri Poincaré et le problème des trois corps

Les mouvements de la Lune autour de la Terre d'une part et de la Terre autour du Soleil d'autre part sont compliqués, car ces mouvements se superposent (Figure 1).

Par la pensée, isolons le Soleil et la Terre gravitant autour de lui, et limitons-nous, un instant, à ces deux planètes. Leur mouvement est parfaitement décrit par les lois mathématiques de la gravitation de Newton. C'est une orbite elliptique, en accord avec les lois de Kepler du mouvement planétaire.

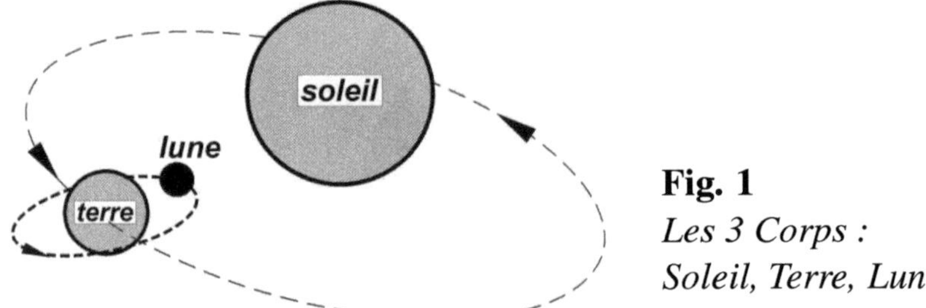

Fig. 1
*Les 3 Corps :
Soleil, Terre, Lune*

Introduisons un troisième corps dans ce système : la Lune, et tout change ! Les équations déterministes, pourtant simples, qui régissent ce système à trois corps sont insolubles. Cette découverte troublante est due au comportement non-linéaire de la gravité. Dans le champ gravitationnel créé par ces trois corps, le chaos apparaît.

Il est impossible de prévoir ce qu'il adviendra de chacun de ces 3 corps au cours du temps, surtout dans un avenir très lointain. Leurs orbites sont imprédictibles. À deux états, très voisins à un instant donné, peuvent correspondre, à plus ou moins long terme, des comportements totalement différents.

> *"Une cause très petite, qui nous échappe, détermine un effet considérable que nous ne pouvons pas ne pas voir, et alors nous disons que cet effet est dû au hasard....il peut arriver que de petites différences dans les conditions initiales en engendrent de très grandes dans les phénomènes finaux ; une petite erreur sur les premières produirait une erreur énorme sur les derniers."*

disait Poincaré, ouvrant ainsi la voie à la théorie du chaos.

C'est la sensibilité aux conditions initiales qui engendre des effets chaotiques dans les systèmes déterministes régis par des équations différentielles non-linéaires. Le mouvement des planètes et corps célestes, même soumis au chaos, n'est pas catastrophique, tout au moins dans un espace de temps réduit de quelques milliers ou millions d'années. L'existence du chaos déterministe avait ainsi été pressentie par Poincaré.

En linéarisant les équations, les mathématiciens du XVIIe siècle estimaient que cela n'influerait pas trop sur le résultat. Le chaos ne pouvait donc pas apparaître dans leur démarche puisqu'ils en supprimaient la cause.

La difficulté de résolution de ces équations non-linéaires a, de plus, conduit Poincaré à rechercher une représentation géométrique pour accéder qualitativement au phénomène ; elle se compose de l'*espace des phases* et de la *section de Poincaré*.

Espace des phases et section de Poincaré

Soit un pendule, cas le plus simple, mais pas le plus judicieux - un pendule double serait préférable mais nous éloignerait trop de notre sujet - pour faire apparaître le chaos dans un système mécanique.

Une masse ponctuelle m oscille dans le champ de pesanteur à l'extrémité d'un bras de levier L supposé rigide mais sans masse, pivotant autour d'un axe horizontal O (Figure 2).

L'équation de ce mouvement, encore appelé oscillateur harmonique, pourrait être obtenue à partir de la loi de conservation de l'énergie, limitée à la mécanique. La somme de l'énergie cinétique et de l'énergie potentielle est constante.

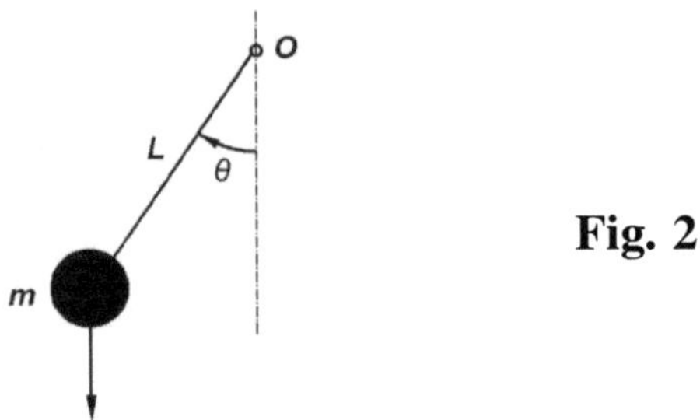

Plus généralement, la mise en équation s'effectue par application du principe fondamental de la dynamique. Sans difficulté on trouve, ainsi que dans la plupart des ouvrages de physique et de mécanique, la relation :

$$mL\frac{d^2\theta}{dt^2} + mg \cdot \sin\theta = 0$$

Oh la la, il arrive un sinus ... cette relation n'est pas linéaire ! De toute urgence, dans les manuels, on la linéarise.

Pour θ faible, on pose $\sin\theta = \theta$, approximation qui facilite de beaucoup la résolution du problème, puisque l'on ne retient que le terme linéaire, les termes suivants non-linéaires étant abandonnés dans la suite des développements mathématiques. Ces termes non-linéaires délaissés entachent le résultat, d'une manière que l'on juge négligeable. A-t-on toujours raison ? Sûrement pas !

On traite donc généralement l'équation devenue linéaire, pour le confort des calculateurs.

Puisque l'on n'a pas tenu compte des frottements, le système est dit conservatif : on va vers l'avenir ou l'on retourne au passé avec le même mouvement. On suit le principe de moindre action.

Les lois de la mécanique, comme celle de l'oscillateur harmonique (par exemple le pendule de la figure 2), font intervenir le temps par son carré. Cela veut dire que si on change t en $-t$

on ne modifie pas le mouvement : les vitesses s'inversent et le mouvement reste identique dans des axes inversés. On peut en tracer le diagramme temporel (Figure 3).

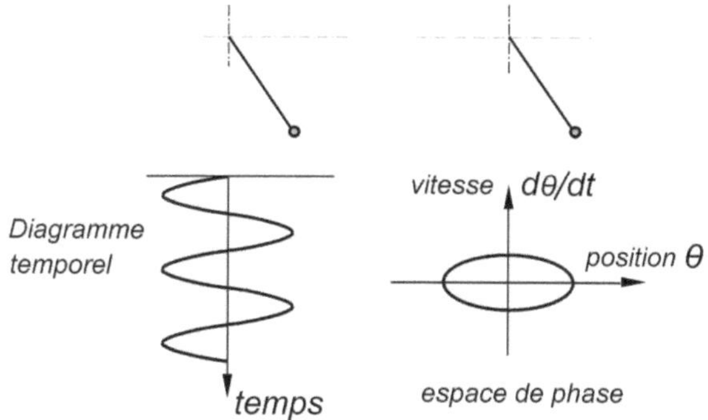

Fig. 3

D'autres lois physiques, plus réalistes tenant compte du frottement en particulier, font apparaître le temps sous une forme telle que le système ne peut évoluer que du passé vers le futur.

Après avoir observé, et pour bien comprendre, il est utile d'en avoir une représentation géométrique. C'est Poincaré qui inventa l'espace des phases dans lequel le système est représenté par un point évoluant au cours du temps. Il devient bien plus intéressant de représenter le mouvement dans l'espace des phases, c'est-à-dire dans un autre repère cartésien avec comme coordonnées la position θ et la vitesse de déplacement $d\theta/dt$. Cette représentation simplifie beaucoup l'étude de ce qui va ressembler à un cafouillis de courbes lorsque le système deviendra chaotique. Dans cet espace des phases, le mouvement du pendule suit ce qu'on appelle une trajectoire de phases qui est une ellipse (Figure 3).

- Le pendule amorti non-linéarisé. L'expression de mouvement du pendule doit naturellement tenir compte d'un certain amortissement qui, en limitant la durée du mouvement, l'empêche d'être éternel. L'introduction du frottement, dû au fluide ambiant, introduit une dissipation qui rend le système non réversible.

L'expression du pendule simple sans amortissement est invariante lors du renversement du temps. La prise en compte maintenant du frottement, en atténuant les oscillations détruit cette symétrie. La trajectoire dans l'espace des phases, représentant le mouvement du pendule, est alors une courbe qui tend toujours vers l'origine, point d'équilibre où le système est en situation de repos.

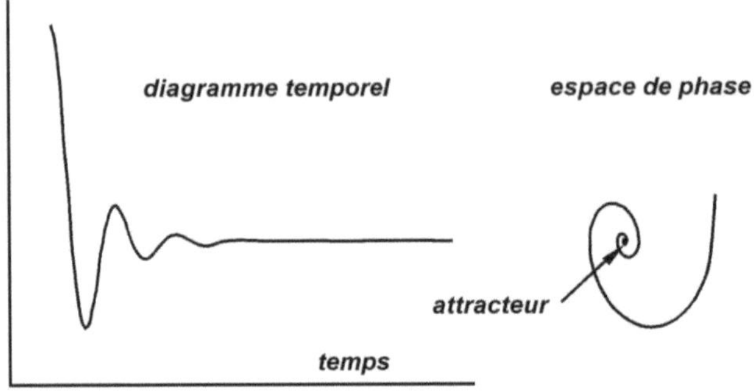

Fig. 4 - *Pendule amorti*

Quelles que soient les conditions initiales, les spirales aboutissent toutes à l'origine, point particulier appelé *attracteur* (Figure 4).

Le système n'est plus *conservatif* ; il devient *dissipatif*.

- Le pendule entretenu et amorti. Le cas le plus général du pendule prend en compte une force extérieure f qui apporte de l'énergie au système en entretenant le mouvement, en le modifiant, et parfois en le perturbant.

On peut choisir une valeur de f modérée juste pour contrebalancer l'énergie dissipée par les frottements. Après un régime transitoire, on observe des oscillations régulières à la période de la force extérieure d'excitation du système. Dans le mouvement entretenu du pendule, l'attracteur est une courbe de forme elliptique.

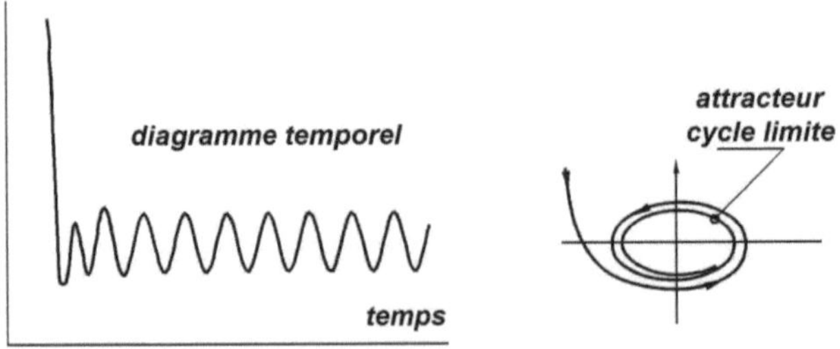

Fig. 5 - *Pendule entretenu et amorti*

Quelles que soient les conditions initiales (l'endroit où il débute par exemple), le mouvement est représenté, dans le diagramme de phases, par une courbe qui finit par atteindre cette oscillation stationnaire : son attracteur, appelé encore son *cycle limite* (Figure 5).

Continuons d'augmenter la force d'excitation f ; peu à peu le mouvement régulier va devenir chaotique. Il continue alors à osciller de manière très bizarre. Sa trajectoire ne se referme jamais dans l'espace des phases. On montre ainsi que pour certaines valeurs de la force excitatrice f, de la fréquence d'excitation ou de l'amortissement a, le mouvement n'est plus périodique et devient très irrégulier ou chaotique.

- Le mouvement périodique est clairement reconnaissable par les orbites fermées dans l'espace de phases (Figure 5).

- Le mouvement chaotique est identifié par des trajectoires un peu folles dans l'espace de phases (Figure 6).

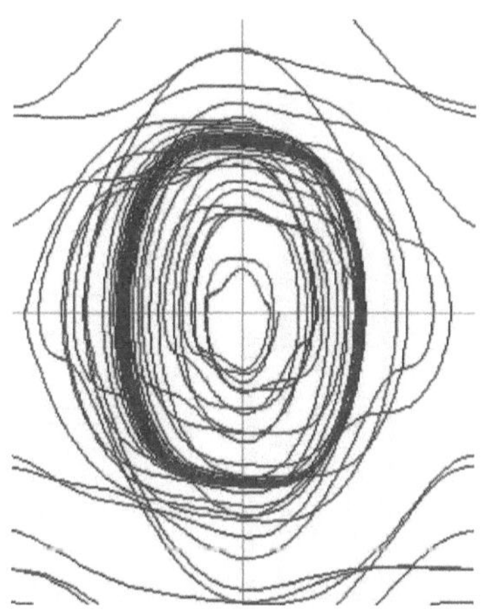

Fig. 6
*Pendule entretenu
en régime chaotique
(espace des phases)*

- Allure du chaos dans la section de Poincaré.

Il n'est pas aisé dans le méli-mélo de courbes qui finissent par encombrer l'espace des phases de s'y retrouver. Comment mieux apprécier le mouvement du pendule ? Une solution à ce problème est d'utiliser la section de Poincaré. C'est une surface plane

fictive disposée perpendiculairement aux trajectoires du système dynamique. On observe, dans la démarche schématisée ici, les points d'intersection de la trajectoire avec le plan.
(Section de Poincaré Figure 7)

Pour le mouvement régulier et périodique, par exemple celui d'un corps tournant autour d'un axe horizonal, un point d'intersection unique, quelque soit le nombre de cycles, apparaît sur la section de Poincaré (Figure 7).

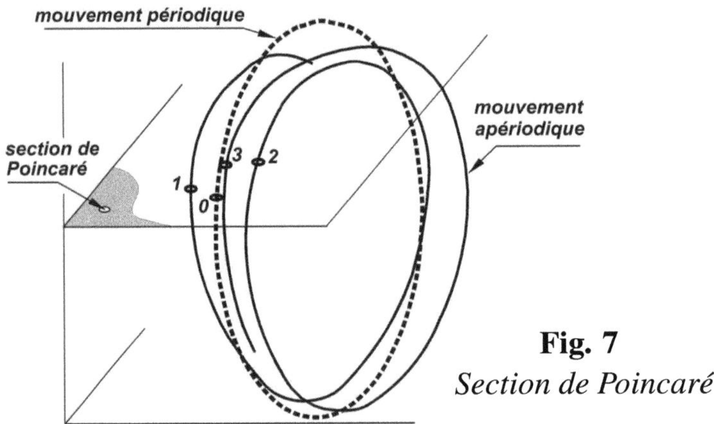

Fig. 7
Section de Poincaré

Le mobile passera toujours par le même point 0 au cours de sa rotation autour de l'axe.

Fig. 8
Attracteur étrange

Pour un mouvement chaotique, les points d'intersections 1, 2, 3, ... s'alignent et dessinent de longs filaments de points distincts. Tout comme le font des épis de blé dans un champ, sous l'action du vent. Le système passe par de nombreux états qui ne se répètent pas (Figure 8). Cet attracteur dynamique particulier a été appelé un *attracteur étrange* par David Ruelle.

C'est le signe d'un *chaos déterministe*.

Le chaos en météorologie

Edward Lorenz, dans les années 1965, s'intéressait à la convection atmosphérique. C'est-à-dire aux mouvements naturels dus aux différences de température entre le sol et les zones nuageuses en altitude, pouvant provoquer des orages lorsque les conditions d'humidité et de chaleur le permettent.

Le système d'équations obtenu comporte des non-linéarités. Lorenz possédait un ordinateur, permettant des itérations rapides et nombreuses, alors que Poincaré, dans les années 1900, n'en possédait pas ; là est toute la différence.

Fig. 9 - *Attracteur étrange de Lorenz*

Avec son ordinateur, Lorenz représenta graphiquement la solution de son système d'équations et put observer la figure qui apparaissait lentement. Les points représentant les états successifs du système décrivirent une sorte de boucle vers la droite, puis repartirent vers la gauche décrire une autre boucle. La suite des points allait d'une boucle à l'autre un peu au hasard en dessinant une figure ressemblant aux ailes d'un papillon. Il eut beau recommencer l'expérience, il obtenait toujours le même résultat, les points étaient attirés par les deux boucles des ailes déployées du papillon, en effectuant plusieurs tours le long d'une aile, puis basculant brusquement vers l'autre aile et ainsi de suite. Ainsi, lorsque Lorenz s'éloignait du régime stationnaire, les oscillations calculées devenaient incompréhensibles. Dans la section de Poincaré du système apparaissait cette figure exceptionnelle : l'attracteur de Lorenz (Figure 9) ; c'est-à-dire une image du chaos déterministe. Cet attracteur dynamique particulier est un *attracteur étrange*.

L'attracteur étrange, signature du chaos déterministe

Les **systèmes déterministes** sont représentés dans l'espace des phases par des trajectoires nettes sur lesquelles ces systèmes se situent et évoluent sans les quitter.

Les **systèmes aléatoires** évoluent au hasard dans tout l'espace.

Les **systèmes du chaos déterministe**, ont un comportement complexe. Ils sont irrésistiblement attirés par un attracteur étrange sur lequel ils errent au hasard, mais sans jamais le quitter, ni repasser deux fois par le même point ! Les attracteurs étranges semblent inclure à la fois des lois déterministes et des lois aléatoires. La découverte des attracteurs étranges a ouvert la voie aux fractales de Benoît Mandelbrot, c'est-à-dire à des objets de dimensions fractionnaires ; ce ne sont plus des lignes, des surfaces ou des volumes. Un nuage par exemple est un objet fractal caractérisé par une dimension comprise entre 2 et 3. Un attracteur étrange a une structure extraordinairement subtile.

Avec la théorie du chaos, on entre dans le domaine de la complexité ! En 1972, Lorenz tient une conférence à l'American Association for the Advancement of Science intitulée : *Prédictibilité : le battement d'ailes d'un papillon au Brésil provoque-t-il une tornade au Texas ?* C'était une provocation pour attirer l'attention des milieux scientifiques sur un fait nouveau : les conditions sont réunies pour qu'il y ait une tornade, et une petite perturbation initiale est susceptible de la provoquer.

Le chaos dans un étang

La fonction logistique fut introduite vers 1840 par Verhulst comme modèle d'évolution démographique. Reprise et popularisée en 1976 par Robert May, elle est importante dans la mesure où elle conduit simplement au chaos de manière étonnante. May étudiait l'évolution, dans le temps, de la population d'une espèce animale.

Dans un espace fermé, un étang par exemple, le peuplement de certaines espèces de poissons semble évoluer de façon aléatoire. Dans un espace infini, cette population pourrait s'accroître indéfiniment de manière exponentielle selon une loi du type : $x_{n+1} = kx_n$ dans laquelle :

- x_n représente la population à la période n, généralement une année.

- k étant le taux de reproduction.

- x_{n+1} étant la population l'année suivante $n + 1$.

Avec $k = 3$ par exemple, la population de l'année n+1 est 3 fois plus importante que celle de l'année précédente n.

Ce modèle n'est absolument pas satisfaisant, car dans un espace fini comme un étang, la terre ou les océans, des contraintes prévisibles se manifestent au cours des années. Comment nourrir cette population ?

Ces difficultés sont très sérieuses : les ressources sont limitées, des famines surviennent, des pandémies ne sont pas exclues, etc. La population augmente jusqu'à une saturation à partir de laquelle elle décroît quelle que soit l'espèce étudiée. Robert May essaye de tenir compte de ces évènements en introduisant un effet rétroactif corrigeant l'expression précédente.

Finalement, sa fonction logistique devient un phénomène itératif qui correspond au système dynamique combinant reproduction et limitation de la population : $x_{n+1} = k \cdot x_n - k \cdot x_n^2$

- Le terme x_n^2 rend cette fonction non-linéaire.

- k est un paramètre représentant le taux de croissance d'une période à la suivante,

- n est un pas de temps discret : une année.

Pour normer cette relation, on étudie la population relativement à son maximum possible. x varie donc de 0 à 1. On choisit ici de démarrer le calcul à $x_n = 0,2$ pour éviter de se demander pourquoi il existait un couple, ou plusieurs couples de poissons au départ, dans cet étang. Cette question, un peu éloignée de nos préoccupations actuelles, représente un problème philosophique, dans lequel on risque de s'abîmer.

Laissons les populations animales évoluer selon leur propre rythme naturel, et découplons maintenant la fonction logistique de l'évolution naturelle de ces espèces. Étudions donc cette fonction logistique seule indépendamment des poissons, des oiseaux ou des hommes.

- Diagramme de bifurcation

L'application logistique peut être calculée par variation progressive du paramètre k. On découvre une figure surprenante (Figure 10) appelée *diagramme de bifurcation* ou *diagramme de Feigenbaum*.

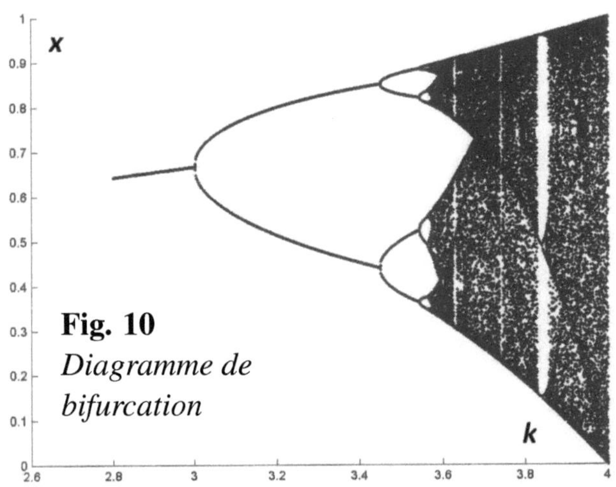

Fig. 10
Diagramme de bifurcation

Lorsque le paramètre k est inférieur à 3, le système tend vers un état final stable unique, mais à partir de $k > 3$, les complications vont s'accentuer : les points se mettent à osciller entre 2, 4, 8 puis 16 valeurs ... par doublement de période.

Les bifurcations se multiplient ainsi jusqu'à $k = 3,57$ environ ; au delà on entre dans le chaos généralisé. Seuls, les blasés resteront indifférents devant de tels phénomènes issus de cette simple fonction logistique, si anodine en apparence. Et nous n'avons pas fini d'être surpris !

- Les fractales dans l'application logistique.   Dilatons la zone encadrée (1) du diagramme initial (Figure 11). La figure suivante renvoie une image analogue à la première. Recommençons en agrandissant le rectangle (2), et voilà encore une image fort semblable. Encore une fois pour nous en persuader ; zoomons le petit rectangle (3) pour toujours retrouver cette même figure sur la dernière représentation de la figure 11. Et ainsi de suite ... Fascinant !

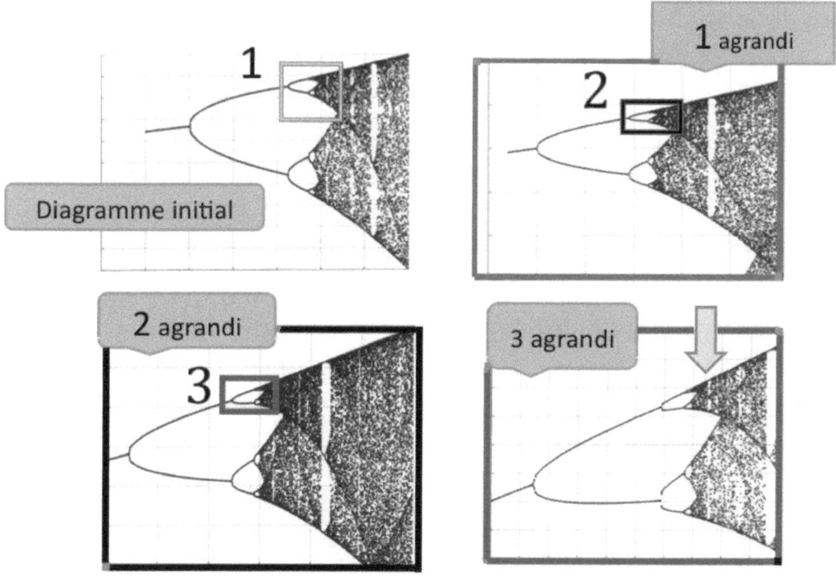

Fig. 11 - *Auto-similarité*

C'est Mandelbrot qui est à l'origine de cette découverte déconcertante : l'*auto-similarité* qui joue un rôle majeur dans la théorie du chaos. Il a appelé *fractales* les objets qui se répètent ainsi sans cesse. A l'intérieur de la forme initiale se trouvent des motifs de plus en plus petits, structurellement identiques à la forme initiale. Ce dessin répétitif met en évidence un certain ordre structurel dans le chaos.

Il existe de l'*ordre, caché dans le chaos.*

- Sensibilité aux conditions initiales.

Une des propriétés essentielles du chaos est la sensibilité aux conditions initiales qui est caractérisée par les taux de divergence des trajectoires. Un système chaotique avec deux situations initiales très proches verra ces trajectoires diverger l'une de l'autre de manière exponentielle avec le temps.

Ainsi, pour $k = 3.6$, près de la porte du chaos, si l'on part de deux conditions initiales très proches $x = 0,2$ et $x = 0,2001$ dans l'exemple, on obtient des évolutions qui divergent à partir de $n = 23$. Toute prédiction devient impossible. Le chaos s'est installé dans le système. Cela veut dire que, dans le modèle élémentaire de la population d'une espèce animale (pour y revenir un instant), une simple erreur de comptage d'un animal sur 2000 conduit à une évaluation complètement fausse après 23 ans. Plus on va s'enfoncer dans la zone chaotique, plus la divergence des trajectoires sera importante. Dans la partie précédant le chaos, par contre, aucune sensibilité aux conditions initiales n'est observée.

La sensibilité aux conditions initiales est la *signature du chaos.*

Une connaissance imprécise des conditions initiales (ou une perturbation infinitésimale) conduit rapidement à une erreur importante sur l'estimation de la dynamique du système. Il est donc illusoire de chercher à prédire celle-ci en détail.

Une petite perturbation, comme le battement d'aile d'un papillon, introduit une imprécision dans la connaissance de l'état initial. Dans les systèmes chaotiques, cette imprécision s'amplifie exponentiellement et rend impossible toute prédiction sur l'état final. La prédictibilité est de quelques jours en météorologie. Il faudrait une connaissance infiniment précise des conditions initiales pour pouvoir prétendre améliorer ces prédictions.

Le chaos déterministe ne signifie pas désordre complet. De l'ordre est décelé dans l'attracteur étrange, ce qui rend le système déterministe.

9   Le chaos en littérature

Peu de choses autour de nous, et pendant peu de temps, ont des comportements linéaires. Parmi les nombreuses, et même quasi-inévitables non-linéarités par exemple en littérature, citons Maître François Rabelais dans son roman Gargantua.

Dans la guerre picrocholine qui oppose Picrochole à Grandgousier, père de Gargantua, on pénètre dans un chaos aux péripéties burlesques entre les habitants de Lerné et ceux de Seuillé (village natal de Rabelais, aujourd'hui Seuilly). Ces deux villages du département d'Indre-et-Loire éloignés de 4 kilomètres vont voir naître, dans l'esprit de Rabelais, un conflit absurde entre Pichrocole, prêt à déclencher une guerre pour quelques galettes de froment, et Gargantua avec son père Grandgousier. Picrochole, très énervé entend mener le conflit jusqu'au bord de l'Euphrate (en Irak)

Le motif de cette guerre, insignifiant et ridicule, porte en lui les germes du chaos.

Les protagonistes, par ordre d'entrée en scène

- Ceux de Lerné : les fouaciers, Marquet, Picrochole, Toucquedillon, duc de Menuail, comte Spadassin, Capitaine Merdaille, Echephron,

- Ceux de Seuilly : les bergers, les métayers gaulant des noix, Frogier, Grandgousier, Gargantua,

Une calme journée d'automne

En cestui temps, qui fut la saison de vendanges, les bergers de la contrée étaient à garder les vignes, et empêcher que les étourneaux ne mangeassent les raisins. En quel temps les fouaciers de Lerné passaient le grand carrefour, menant douze charges de fouaces[1] à la ville...

..les dits bergers les requirent courtoisement leur en bailler pour leur argent, au prix du marché. Car notez que c'est viande céleste, manger à déjeuner des raisins avecq la fouace fraîche, ...

Les conditions initiales

A leur requête ne furent aucunement enclinés les fouaciers, mais (que pis est) les outragèrent grandement en les appelant : Trop diteulx, ..., Chienlits, ..., Bustarins, Talvassiers, ..., Bergers de merde, et autres tels épithètes diffamatoires. Ajoutant que point à eux n'appartenait manger de ces belles fouaces, mais qu'ils se devaient contenter de gros pain ballé, et de tourte.

Les effets ne sont plus proportionnels aux causes

Auquel outrage, un d'entre eux, nommé Frogier, bien honnête homme de sa personne, et notable bachelier, répondit : Depuis quand avez-vous pris les cornes, qu'êtes tant rogues devenus ? .... Adoncq Marquet, grand bâtonnier de la confrarie des fouaciers, lui dit :... Viens, je te donnerai de ma fouace.

... Marquet lui bailla de son fouet à travers les jambes ..... Forgier s'écria : Au meurtre, et à la force, tant qu'il put ; ensemble lui jeta un gros tribard ... en sorte que Marquet tomba de dessus sa jument, mieux semblant un homme mort que vif.

Des métayers, qui là auprès challaient les noix, accoururent avec leurs grandes gaules et frappèrent sus ces fouaciers comme sus du seigle vert. ..... Finablement les aconpçurent, et houstèrent de leurs fouaces environ quatre ou cinq douzaines. Toutefois ils les payèrent au prix accoutumé, ... Puis les fouaciers .. retournèrent à Lerné ... menaçant fort et ferme les bouviers, bergers et métayers de Seuillé.

---

[1] galettes de blé cuites

Les fouaciers retournés à Lerné, davant boire ni manger, se transportèrent au capitoly, et là, davant leur roi nommé Picrochole, proposèrent leur complainte, montrant leurs paniers rompus, leurs bonnets foupis, leurs robes dessirées, leurs fouaces détroussées, ..., disant le tout avoir été fait par les bergers de Grandgousier....

Picrochole entra en courroux furieux, et sans plus outre se interroger quoi ne comment, fit crier par son pays ban et arrière ban, et que un chacun sur peine de la hart, convint en armes en la grand place, devant le château, à heure de midi.

....

*Picrochole commanda qu'un chacun marchât sous son enseigne hâtivement. Adoncques, sans ordre et mesure prirent les champs les uns parmi les autres, gâtant et dissipant tout par où ils passaient, sans épargner ni pauvre ni riche, ni lieu sacré, ni profane..... Emmenaient bœufs, vaches, taureaux,..., truies, gorets; abattant les noix, vendangeant les vignes, emportant les ceps, croulant tous les fruits des arbres. C'était un **désordre** incomparable de ce qu'ils faisaient... ils leur voulaient apprendre à manger de la fouace.*

Des zones protégées loin des non-linéarités

Or laissons-les là, et retournons à Gargantua qui est à Paris bien instant à l'étude de bonnes lettres et exercitations athlétiques, et le vieux bon homme Grandgousier son père, qui après souper se chauffe les couilles à un beau clair et grand feu, et attendant graisler des châtaignes, écrit on foyer avecq un bâton brûlé d'un bout, dont on écharbotte le feu, faisant à sa femme et famille de beaux contes du temps jadis.

Holos! Holos! dit Grandgousier, qu'est ceci, bonnes gens? Songé-je, ou si vrai est ce qu'on me dit? Picrochole, mon ami ancien, de tout temps, de toute race et alliance, me vient-il assaillir? Qui le meut? Qui le point? Qui le conduit? Qui l'a conseillé?

Ce nonobstant, dit Grangousier, puis qu'il n'est question que de quelques fouaces, je essayerai le contenter, car il me déplaît par trop de lever guerre....Adoncques s'enquêta combien on avait pris de fouaces et, entendant quatre ou cinq douzaines, commanda qu'on en fit cinq charretées en icelle nuit,.......

Dans le chaos : extension du conflit vers l'Asie Mineure

Toucquedillon raconta le tout à Picrochole, et de plus en plus envenima son courage, lui disant : Ces rustres ont belle peur....Je suis d'opinion que retenons ces fouaces et l'argent, et au reste nous hâtons de remparer ici pour suivre notre fortune.

..... Comparurent davant Picrochole les ducs de Menuail, comte Spadassin, et capitaine Merdaille, et lui dirent : Cyre, aujourd'hui nous vous rendons le plus heureux et plus chevaleureux prince qui oncques fut depuis la mort d'Alexandre le Grand. Cyre, le moyen est tel : vous laisserez ici quelque capitaine en garnison avec petite bande de gens, pour garder la place... Votre armée partirez en deux, comme trop mieux l'entendez. L'une partie ira ruer sur ce Grandgousier et ses gens. Par icelle sera de prime abordée facilement déconfit. Là recouvrerez argent à tas.... L'autre partie, cependant, tirera vers ...Saintonge, ..Gascogne..... Sans résistance prendront villes, châteaux, et forteresses. A Bayonne, ...saisirez toutes les naufs, et côtoyant vers Portugal, pillerez tous les lieux maritimes jusques à Ulisbonne, où aurez renfort de tout équipage requis à un conquérant.... Et oppugnerez les royaumes de Tunis...en passant outre retiendrez en votre main ..., Florence ...seas Rome! Le pauvre monsieur du pape meurt déjà de peur. Prise italie, voilà Naples..et Sicile toutes à sac. ... Il vous convient premièrement avoir l'Asie mineure, ...jusques à Euphrate.

Là présent était un vieux gentilhomme éprouvé en divers hasards, et vrai routier de guerre, nommé Echephron, lequel, oyant ces propos, dit : J'ai grand peur que toute cette entreprise sera semblable à la farce du pot au lait, duquel un cordouannier se faisait riche par rêverie ; puis le pot cassé n'eut de quoi dîner. Que prétendez-vous par ces belles conquêtes ? Quelle sera la fin de tant de travaux et traverses ? Ce sera, dit Picrochole, que nous retournés reposerons à nos aises.

Dont dit Echephron : Et si par cas jamais n'en retournez ? Car le voyage est long et périlleux. N'est-ce mieux que dès maintenant nous reposons, sans nous mettre en ces hasards ?

10   Expérience pour comprendre

Reprenons une expérience fondamentale d'Henri Bénard.

Chauffons d'abord de l'eau dans un récipient. La chaleur du fond se transmet par conduction dans toute la masse d'eau. Puis à partir d'un certain moment, de petites bulles de vapeur se forment en tous points et s'élèvent, puis le chauffage continuant, ces bulles grossissent et éclatent à la surface en entraînant des remous et un chahut généralisé.

Observons maintenant plus finement les phénomènes en reprenant, en laboratoire, cette expérience.

À l'équilibre

Un liquide stagne entre deux plaques parallèles dans la démonstration de Bénard. Les deux plaques sont à la même température, et le liquide est en équilibre thermodynamique. Rien d'apparent ne se passe, tout semble calme.

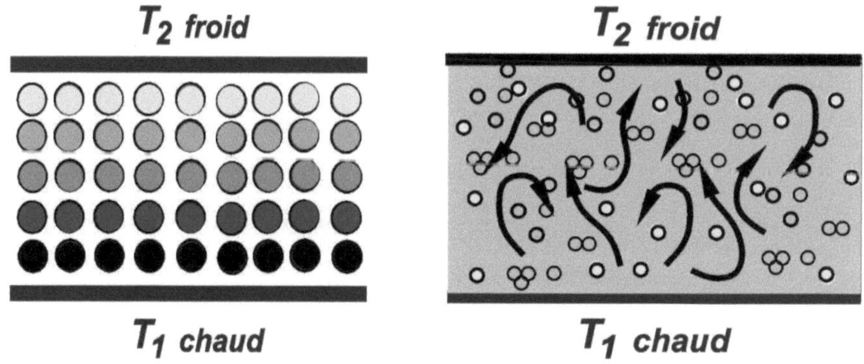

Fig. 1 *Conduction*   **Fig. 2** *Convection*

Au début de l'expérience, on est dans cet état d'équilibre thermo-dynamique, lequel correspond au point 0 de la figure 4 suivante.

Proche de l'équilibre

Éloignons-nous légèrement de l'équilibre en chauffant la paroi inférieure.   Un paramètre *CP*, fonction de la différence de température entre les deux parois permet de contrôler le processus. Les plaques sont maintenues respectivement à la température T_1 et T_2, avec $T_1 > T_2$. Le système est donc entretenu par un apport extérieur d'énergie. Cette quantité de chaleur externe augmente l'entropie du système.

Après l'application de cette contrainte, le système s'écarte de l'état d'équilibre, il est en déséquilibre permanent (point **1** en figure 4).

Pour T_1 proche de T_2, donc *près de l'équilibre*, le gradient de température est faible. C'est la conduction thermique régie par la loi linéaire de Fourier, qui est un phénomène irréversible. De l'énergie thermique est transférée, par collisions, des molécules les plus chaudes aux plus froides. Cet écoulement stationnaire d'énergie, s'effectue sans transport de matière.

La conduction thermique, phénomène de transport, s'effectue dans la direction des températures décroissantes (Figure 3).

Un apport constant d'énergie externe maintient le processus, tout en le gardant près de l'équilibre. Les phénomènes microscopiques provoqués par les interactions moléculaires n'induisent aucun effet macroscopique perceptible.

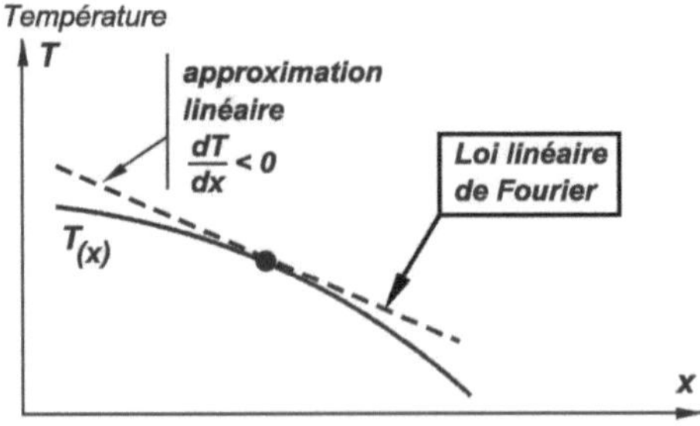

Fig. 3 : *Direction de la conduction*

Plus loin de l'équilibre initial

Près de l'équilibre, la chaleur est d'abord transportée par conduction, mais à partir d'un gradient critique, un transport par convection se crée. La loi linéaire de Fourier, utilisée précédemment en conduction n'est plus valable. On sort du déterminisme des lois linéaires pour pénétrer dans le monde non-linéaire. Le flux de chaleur orienté de bas en haut rend le système instable et complexe. Le système devient sensible à la gravité qui n'avait pas d'effet sur le système en équilibre lors de la conduction.

Dès que l'on sort du domaine proche de l'équilibre en augmentant suffisamment le gradient de température, la conduction invisible laisse ainsi la place au phénomène de convection, lequel surgit devant nos yeux. Les deux moyens de transport de l'énergie s'affrontent : la conduction et la convection. La conduction n'est plus assez efficace pour transporter l'énergie ; la convection l'emporte. Le moyen de transport le plus efficace domine toujours l'autre.

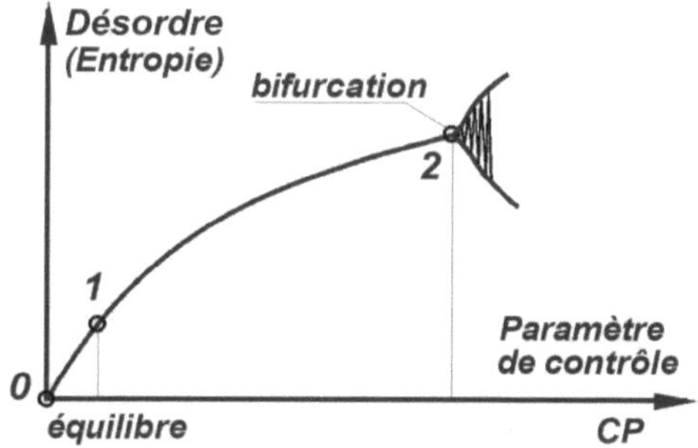

Fig. 4 - *Diagramme d'évolution*

Les particules chaudes près du plancher ayant une densité plus faible ont tendance à s'élever tandis que les particules froides, moins énergiques, ne rechignent pas à descendre.

En poussant le système *plus loin de l'équilibre* par augmentation du gradient de température défini par :

$$(T_1 - T_2)/h$$

où h est la distance séparant les deux parois, on atteint une bifurcation. Le transport par convection naît lorsque le système atteint ce seuil critique (point 2 en figure 4).

Une très légère fluctuation de température peut être amplifiée par une suite d'itérations et atteindre une taille suffisante pour que cet embranchement - une bifurcation dira Prigogine - se créé. Le système tout entier peut alors adopter une nouvelle direction après des oscillations chaotiques.

À partir du seuil critique, lieu d'une bifurcation, naît donc un transport par convection. En aval de la bifurcation, on peut observer un mouvement complexe irrégulier, turbulent.

Des zones assez troubles souvent chaotiques, parfois fugaces peuvent apparaître ; elles précèdent l'état convectif auto-organisé stationnaire où les molécules elles-mêmes participent à un mouvement collectif.

Un mouvement en masse s'établit. Les particules fluides chaudes, plus dynamiques, arrivent à déblayer un chemin et s'y engouffrent pour parvenir à la paroi supérieure, entraînant dans leur mouvement et en repoussant vers le bas les particules froides plus dolentes dans un tourbillon convectif. Un mouvement d'ensemble se crée.

Le monde microscopique s'ordonne ainsi spontanément et devient observable depuis notre monde macroscopique. Le fluide s'organise de manière spectaculaire en formant des rouleaux dans l'écoulement ; lesquels tournent alternativement dans un sens ou dans l'autre par engrènement afin ne pas se nuire (Fig. 5).

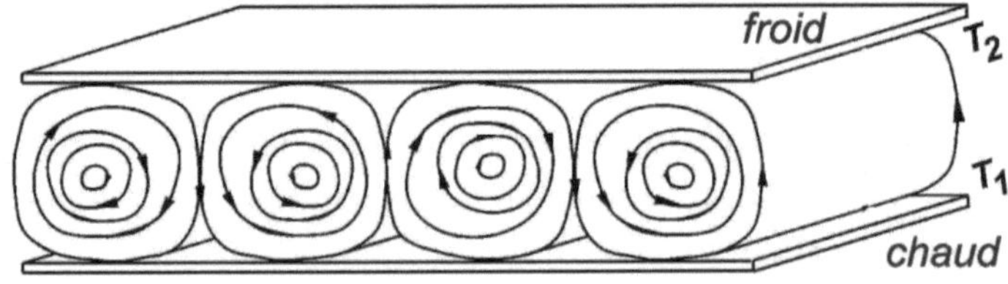

Fig. 5   *Cellules de convection de Bénard*

En outre, le passage du régime laminaire au régime turbulent interfère avec les phénomènes et accélère les échanges de propriétés entre couches voisines du fluide et en particulier la diffusion de la chaleur au sein de celui-ci. Il devient extrêmement difficile d'analyser en détail ce processus de transport car la turbulence est une manifestation du mouvement chaotique dans les fluides.

Ce mouvement d'ensemble répétitif forme ce qu'on appelle les cellules de Bénard (Fig. 5).

Dans cette organisation du fluide, des cellules tournent alternativement dans le sens horaire et dans le sens contraire en raison de l'effet d'entraînement. Chaque cellule tourne dans une direction particulière, qui alterne d'une cellule à l'autre. Le mouvement de convection qui s'établit constitue une organisation spatiale complètement nouvelle du système. C'est un cas typique de restructuration moléculaire. Des milliards de milliards de molécules se déplacent avec cohérence, formant ces cellules macroscopiques de convection.

Nota : Il est fort probable que de nombreux personnages, agissant de leur propre volonté, et soumis à une différence d'ensoleillement entre deux trottoirs d'une rue résoudraient de la même manière le problème posé par l'expérience de Bénard. Ceux en plein cagnard chercheraient une situation plus enviable, et ceux à l'ombre, plus dolents, seraient entraînés dans un mouvement convectif analogue à celui démontré par Bénard.

Spencer Tunick, qui avec une grande originalité sait organiser des scènes de ce type pourrait nous le démontrer dans un nouveau scénario de son **monde à nu**. Ce serait une manifestation édifiante montrant l'auto-organisation des sociétés humaines soumises à un déséquilibre, source de création.

Envoi à Spencer Tunick - 1922

Suggestion de scénario

pour mise en évidence de phénomènes chaotiques.

L'existence du chaos qui nous entoure est manifeste dans de nombreuses activités humaines, sinon dans toutes. Curieusement, les milieux industriels trop ancrés dans le déterminisme ne peuvent admettre que ce chaos puisse se produire dans leurs installations.

L'expérience que j'ai pu accumuler en mécanique des fluides m'a persuadé que le chaos pénétrait effectivement dans les soupapes de contrôle des grandes centrales de production d'énergie électrique en les troublant sévèrement. Le chaos envahit également les soupapes de sécurité : un comble pour des organes chargés de protéger les installations, les populations et l'environnement.

En 2013, j'attirais l'attention du président Jimmy Carter, ancien ingénieur dans le domaine de la physique nucléaire sur la cause initiale de l'accident de Three Mile Island. De mon point de vue, ce sont les phénomènes chaotiques qui ont perturbé le fonctionnement d'une soupape et provoqué ce désastre. Dans sa réponse, le président Carter m'encourage à persévérer dans mon effort d'information sur les effets néfastes liés à l'encore récente théorie du chaos.

I do my best. Et pour mieux faire comprendre cette situation invraisemblable, j'ai publié récemment un article sur les hurricanes, lesquels agissent comme des soupapes libérant l'énergie thermique accumulée sous les tropiques pendant la saison chaude. Ces phénomènes grandioses sont aussi soumis au chaos lorsqu'une tempête tropicale devient un ouragan, c'est-à-dire un moteur thermique gigantesque mobile sur la surface de l'océan.

Or, il y aurait peut-être un moyen efficace de persuader les milieux industriels, mais aussi le grand public, de la réalité du chaos en utilisant les procédés utilisés dans votre art qui produisent des images remarquables. C'est l'objet de cette lettre de vous suggérer une ébauche de scénario qui, je l'espère, retiendra votre attention malgré mon incompétence dans votre domaine de prédilection.

Le moyen le plus simple pour faire apparaître le chaos serait, à mon avis, de reprendre en l'adaptant l'expérience de thermique mondialement connue de Bénard. Les particules fluides seraient représentées par des personnages de votre monde à nu .

Au départ de la séquence, les personnages en rouge et en bleu seraient invités à se déplacer alternativement d'une paroi à l'autre avec une vitesse raisonnable : celle d'un piéton marchant un peu vite. On propose aux personnages intermédiaires de couleur grise de rester le plus neutre possible.

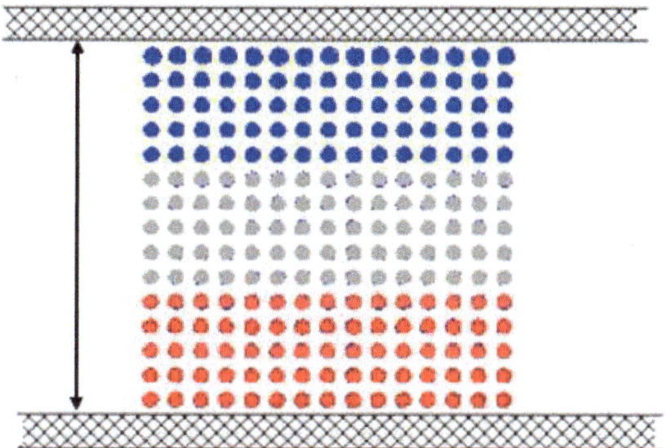

Fig. 6 - *État initial d'une cellule*

Il y aura au sein des mouvements ainsi créés du chahut et une certaine cohue, bref du chaos pouvant faire l'objet de scènes filmées. Le système formé par les personnages va cependant finir par s'auto-organiser. Après les bousculades, le système va opter pour un mouvement d'ensemble plus ordonné. Les personnages formeront des rouleaux tournant alternativement dans un sens et dans l'autre par effet d'engrenages. Il existe une analogie avec les courants convectifs dans l'atmosphère. Une figure spectaculaire devrait apparaître. Le système des personnages s'ordonne de lui-même.

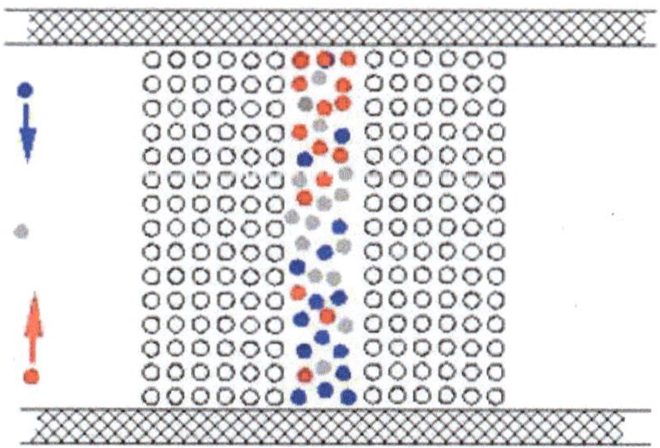

Fig. 7 - *Sur la route du chaos*

> Les éléments bleus et rouges sont mis en mouvement par des allers et retours successifs entre les deux parois
>
> Les éléments gris sont neutres, sans ordre de mouvement particuliers.

Il en va de même sur un long trottoir encombré. Les gens s'organisent d'eux-mêmes pour que les flux montant et descendant ne soient pas trop perturbés et les files se forment. Il y a moins de désordre. Car derrière le chaos, une structure complètement nouvelle émerge. Prigogine (Prix Nobel de Chimie 1977) l'appelle structure dissipative : structure parce que de l'ordre apparaît dans un système désordonné.

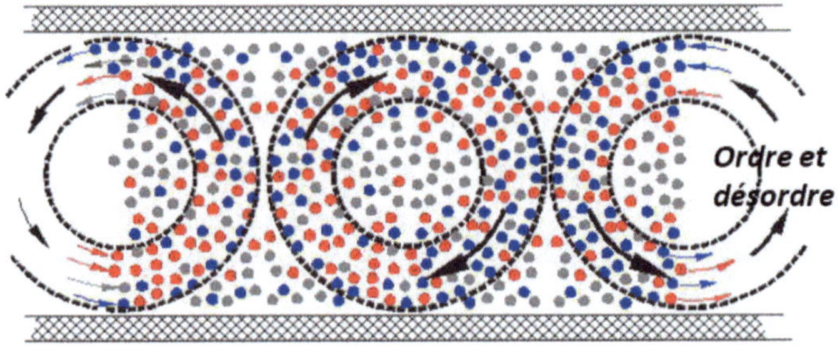

Fig. 8 - *Vers des cellules contrarotatives auto-organisées*

Les personnages sont intelligents alors que les particules dans l'expérience de Bénard (contenant un grand nombre de molécules) ne le sont pas. Mais dans les deux cas une intelligence collective va pousser les différents acteurs à s'organiser en structure dissipative. L'*homme du monde* dit que l'entropie décroît : de l'ordre apparaît.

Je suis persuadé que votre approche, par des séquences filmées, pourrait éclairer d'un jour nouveau le chaos et les structures dissipatives qui émergent derrière ce chaos.

Ce serait à l'évidence convaincant, très utile et apprécié en particulier par les milieux scientifiques.

11 Les structures dissipatives

Les rouleaux convectifs de Bénard sont un exemple de *structure dissipative,* terme obtenu en accolant deux mots à la signification contradictoire puisque *structure* évoque l'ordre alors que *dissipative* suggère la désorganisation.

Suivons un système thermodynamique en évolution. Reprenons l'expérience de Bénard, exemple simple et significatif qui nous servira de guide.

Système à l'équilibre (Point 0 en figure 1)

La thermodynamique macroscopique, issue des travaux de Carnot et de Clausius, est plutôt statique : on l'appelle aussi *thermostatique*, elle concerne des situations en équilibre. Lors d'une évolution, on passe d'un équilibre à un autre théoriquement à vitesse presque nulle. Cette thermodynamique prévoit certaines manifestations d'irréversibilités. Elle en précise les conséquences sur les cycles des machines thermiques en montrant ainsi l'obligation de réduire les pertes pour améliorer les rendements, mais elle ne va pas au-delà.

Système proche de l'équilibre (Point 1 en figure 1)

Dans le traitement des phénomènes de transport, on suppose que les variations (ou gradients) de concentration, de température ou de quantité de mouvement sont faibles. Le fluide est supposé proche de l'équilibre durant le processus. Les lois de Fick ou de Fourier sont des approximations linéaires dans ces conditions. Autrement dit, les phénomènes de transport sont principalement dus à l'agitation moléculaire, plutôt qu'au mouvement en masse de la matière.

Système plus éloigné de l'équilibre

Lorsque les gradients des paramètres physiques dans un fluide deviennent importants, on sort du domaine linéaire et le mouvement du fluide devient beaucoup plus complexe.   On atteint une bifurcation (Point 2 en figure 1)

Le fluide dans son ensemble s'éloigne de l'équilibre et chaque volume de fluide est soumis à des forces qui le conduisent vers des mouvements irréguliers.   Un tel processus est appelé convectif. Lorsque le gradient est encore plus important, le système est entraîné plus loin de l'équilibre, de sorte qu'il en résulte des mouvements plus violents.   Les phénomènes de transport deviennent alors extrêmement difficiles à analyser.

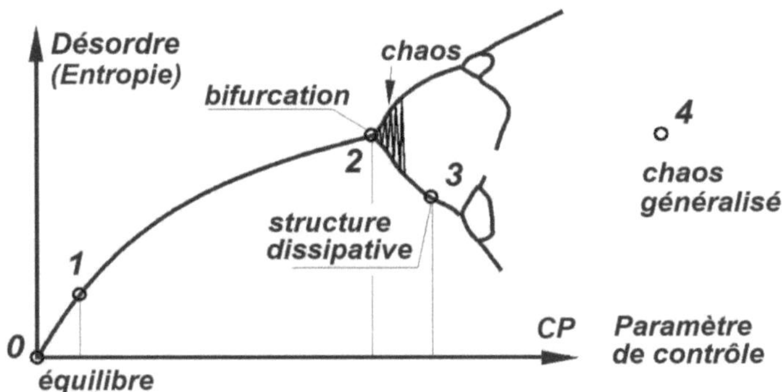

Fig. 1   *Diagramme d'évolution et structure dissipative*

Structure dissipative (Point 3 en figure 1)

Les cellules de convection de Bénard sont un exemple spectaculaire d'une structure dissipative ; nom qui reflète la combinaison des deux notions d'ordre et de gaspillage. Alors que les dégradations d'énergie sont généralement liées aux idées de perte d'efficacité et de désordre, elles deviennent une source d'ordre quand on s'écarte beaucoup de l'équilibre.   Alors une nouvelle construction macroscopique auto-organisée peut émerger. Elle peut se maintenir sous l'effet d'une contrainte extérieure : le gradient de température dans l'expérience de Bénard.

Dans les années 1970, les études en thermodynamique non linéaire ont mis en évidence ces phénomènes nouveaux et remarquables. Au fur et à mesure qu'on s'éloigne de l'équilibre, les régimes simples prédits par les lois linéaires deviennent instables avant que des structures spatiales apparaissent. Lorsque le transport de chaleur se fait par conduction, les molécules du fluide situées près de la surface chaude ne reçoivent aucune information sur ce qui se passe près de la surface froide. Elles se contentent de transmettre de proche en proche, par collisions, de l'énergie cinétique aux molécules voisines jusqu'à la surface froide. Lorsque la convection s'établit, les molécules qui se sont refroidies près de la surface froide redescendent vers la surface chaude. Elles y apportent donc une information sur la température de la surface froide.   Une communication s'établit et une régulation se met en place.   Quand un système devient une structure dissipative, son entropie diminue parce qu'un certain ordre se crée à côté du désordre.   L'augmentation des corrélations aussi bien que la diminution de l'entropie caractérisent ainsi l'auto-organisation d'un système.

Dans une cellule convective, il existe des corrélations de courte portée dues à l'interaction entre les molécules voisines. Il y a également une corrélation de longue portée entre une molécule d'un courant ascendant et une molécule située sur un courant descendant. L'augmentation des corrélations ainsi que la baisse du niveau entropique caractérisent l'apparition d'ordre, tout au moins localement. En théorie de l'information, Claude E. Shannon montre que l'entropie mesure la perte d'information par un système, ce qui donne un nouvel éclairage du second principe de la thermodynamique. Dans les cellules convectives de Bénard, des informations sont transmises par les molécules confirmant ainsi que l'entropie diminue par rapport à la conduction qui n'apportait aucune information au système.

S'écartant de l'équilibre et de sa structure uniforme, les systèmes ouverts dans lesquels l'entropie peut décroître par échange de matière-énergie avec l'extérieur ouvrent la voie à l'apparition des *structures dissipatives*.

Paramètre de contrôle

Choisissons un paramètre de contrôle *CP* identique au nombre de Rayleigh utilisé par les thermiciens. Il est surtout fonction des différences de températures. À partir du nombre de Rayleigh critique (point 2 en figure 1), où une bifurcation est atteinte, la convection peut apparaître. Après la bifurcation, des zones plutôt instables précèdent l'état de convection auto-organisée stationnaire repérée en 3 sur la figure 1.

Pour les systèmes thermodynamiques hors-équilibre, il apparaît donc des situations observables, organisées, et souvent imprévisibles.

On peut montrer que cette nouvelle structure prend naissance par suite d'une instabilité du système près de l'équilibre thermodynamique. Car de petites fluctuations pouvant entraîner un transport par convection apparaissent continuellement mais elles régressent et sont anéanties en dessous de la valeur critique.

Si on augmentait encore plus le paramètre de contrôle par action sur la température T_1 de la paroi chaude, la disposition organisée se détruirait complètement : on sortirait du chaos déterministe (point 3) pour entrer dans le chaos généralisé (point 4 en figure 1).

Une structure dissipative dissipe de l'énergie donc produit de l'entropie qu'elle évacue au fur et à mesure qu'elle la produit, nous rappelle François Roddier. Évacuer de l'entropie signifie importer de l'information. Une structure dissipative importe sans cesse de l'information de son environnement. Lorsqu'elle s'auto-organise, une structure dissipative diminue son entropie interne, donc augmente son contenu en information en la mémorisant.

Une pause s'impose ! Reprenons ça tranquillement

> **Ici commence en fait ce livre.**

Systèmes thermodynamiques fermé et ouvert

La variation (dS) globale d'entropie d'un système comporte deux termes (voir [66] par exemple) :

$$dS = dS_e + dS_i$$

- dS_e est le flux entropique dû aux échanges d'énergie et de matière avec l'extérieur,

- dS_i correspond aux variations d'entropie dues aux processus irréversibles internes du système.

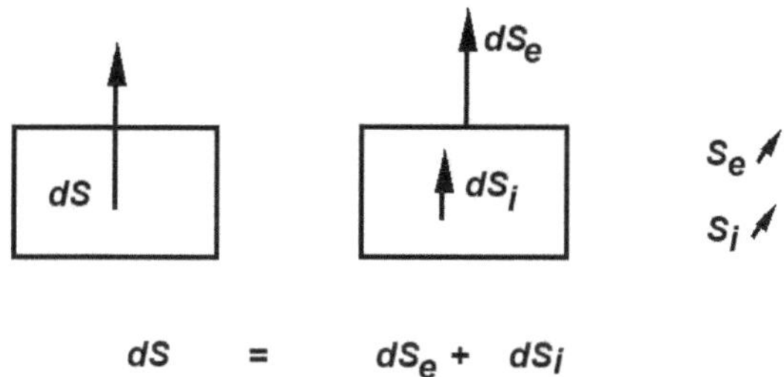

Fig. 2 - *Variation d'entropie d'un système*

- Pour les systèmes fermés, donc sans échange avec l'extérieur $(dS_e = 0)$, l'entropie dS_i croît pour atteindre l'équilibre thermodynamique, Il vient alors :

$$dS = dS_i > 0$$

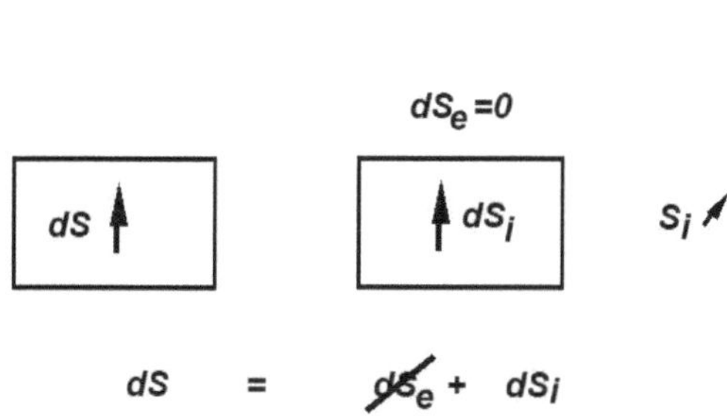

Fig. 3 - *Variation d'entropie d'un système fermé*

Les frottements et la viscosité font que l'énergie mécanique se dégrade en chaleur. Dans les systèmes fermés, l'entropie augmente donc pour atteindre sa valeur maximale à l'équilibre final.

- Pour les systèmes ouverts hors équilibre, l'entropie interne de chaque particule macroscopique est toujours croissante : $(dS_i > 0)$.

Cependant l'entropie d'échange (dS_e) peut varier dans les deux sens.

Lorsque l'entropie d'échange décroît suffisamment ($dS_e < 0$) pour l'emporter sur l'accroissement inévitable de l'entropie interne ($dS_i > 0$), alors le niveau entropique du système baisse ($dS < 0$).

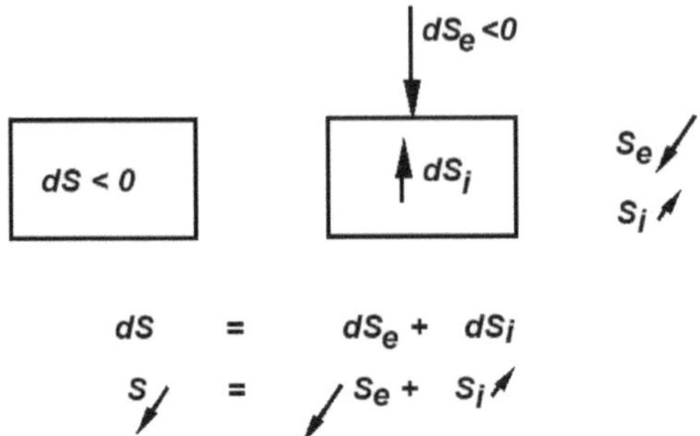

Fig. 4 - *Système ouvert s'éloignant de l'équilibre*

Ce dernier cas conduit à des situations tout à fait inédites. L'échange de matière et d'énergie avec le milieu extérieur permet à ces systèmes d'évoluer vers des états éloignés de l'équilibre. L'ordre dans un système ouvert ne peut être maintenu qu'avec la condition de non-équilibre.

La complexité de ces systèmes est provoquée par une augmentation du déséquilibre entre l'entropie interne et externe poussant le système vers des entropies encore plus faibles. Ces systèmes s'éloignent donc de plus en plus de l'équilibre et de l'homogénéité (Fig. 4).

Structure dissipative de Prigogine

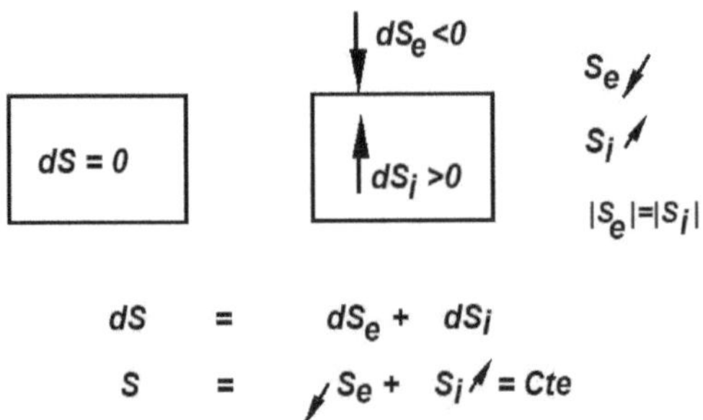

Fig. 5 - *Variation d'entropie dans une structure dissipative*

Dans une structure dissipative, les irréversibilités (dS_i) sont compensées par un apport permanent d'énergie et de matière (dS_e), le système ouvert est maintenu en régime permanent $(dS = 0)$.

La production d'entropie interne et l'entropie échangée avec l'environnement sont égales (Fig. 5).

On peut en donner une représentation très simplifiée en séparant par la pensée une structure dissipative en deux sous-systèmes ouverts, comme montré en figure 6. L'un accumule les désordres (S_i augmente) alors que de l'ordre apparaît dans l'autre (S_e diminue).

(Le premier correspond au jardin du voisin et le second est celui du jardinier indélicat qui se débarrasse de ses pierres et autres détritus en les envoyant chez son voisin.)

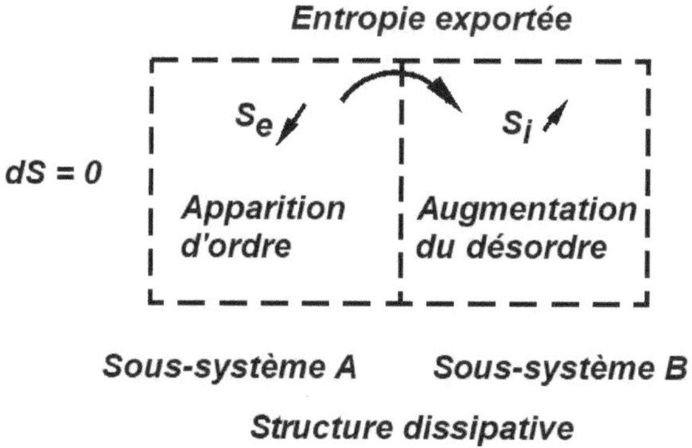

Fig. 6 - *Représentation simplifiée d'une structure dissipative*

Le système moléculaire en s'auto-organisant apporte de l'ordre. L'entropie diminue quelque part dans le système. Arbitrairement, on considère ici que c'est le sous-système A qui s'organise. Le sous-système B, est la poubelle qui récupère l'entropie exportée par le sous-système A. L'entropie globale de la structure dissipative restant constante lors du processus, par définition d'une structure dissipative.

• Le sous-système A reçoit de l'information, de l'ordre

apparaît, son entropie décroît. (L'information est apportée par le système moléculaire en train de s'organiser dans l'expérience de Bénard)

- L'entropie exportée par le sous-système A augmente le désordre dans le sous-système B ; l'entropie du sous-système B augmente.

Pour la structure dissipative, donc en régime stationnaire, comprenant les sous-systèmes A et B, l'entropie reste constante (dS=0).

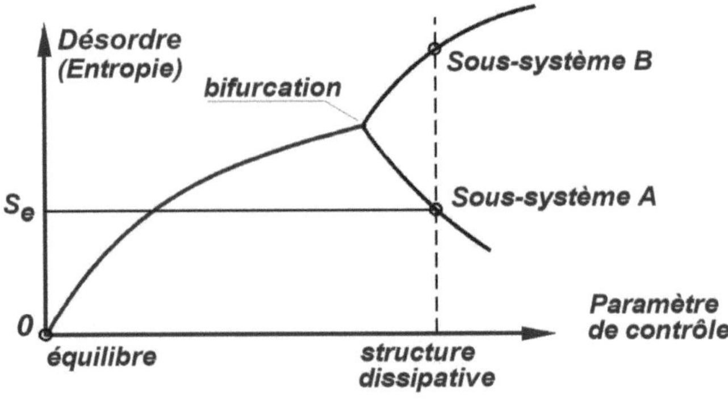

Fig. 7 - *Diagramme de bifurcation
d'une structure dissipative*

Règle générale d'Ilya Prigogine

" Alors qu'à l'équilibre et près de l'équilibre, les lois de la nature sont universelles, loin de l'équilibre, elles deviennent spécifiques, elles dépendent du type de processus irréversible. Cette observation est conforme à la variété des comportements de la matière que nous observons autour de nous. Loin de l'équilibre, la matière acquiert de nouvelles propriétés où les fluctuations, les instabilités jouent un rôle essentiel : la matière devient plus active."

**Loin de l'équilibre,
la nature s'anime.**

12 Le Principe de Double Action

> **Du Principe de Moindre Action
> au Principe de Double Action**

Principe de moindre action

Le principe de moindre action, objet d'un chapitre précédent, est basé sur l'assertion suivante : *La Nature n'aime pas trop se fatiguer* (Maupertuis, 1746 et plus proche de nous Max Planck, 1915). Il couvre de nombreux domaines de la physique comme la mécanique quantique, la mécanique analytique et bien entendu la mécanique classique. Les frottements y sont méconnus. Dans ces conditions, tous les phénomènes naturels peuvent être réduits à une loi de conservation et sont réversibles. La première loi de thermodynamique qui déclare que l'énergie est conservée peut donc être intégrée dans le principe de moindre action.

Thermodynamique hors équilibre

Un enseignement profond de la thermodynamique non-linéaire est, contre toute attente, la création d'ordre loin de l'équilibre initial. Des structures ordonnées sont ainsi obtenues après le passage par des zones chaotiques.

L'exemple le plus frappant, car le plus naturel, est l'ouragan chargé de dégrader de l'énergie accumulée pendant la saison chaude. Aucune manifestation humaine n'est à l'origine de son apparition. Un ouragan est dû à la différence de température devenue trop importante entre l'eau de surface des mers tropicales et la haute atmosphère. On verra dans un chapitre ultérieur qu'une dépression tropicale peut se transformer en tempête tropicale puis devenir un ouragan, structure caractérisée par un oeil entouré d'un mur de nuages visible depuis l'espace. Cette structure est très ordonnée, tellement ordonnée qu'elle devient un moteur thermique qui se déplace à la surface des océans en puisant de l'énergie dans les eaux chaudes de surface. Un ouragan s'éteint lorsqu'il est privé de sa source d'énergie, donc en pénétrant dans les terres après y avoir commis ses désastreux méfaits.

Principe de double action : pire et meilleure action

> **Nota : Le principe de double action comprend le principe de pire action, lequel se charge de détruire l'ordre apparu dans une structure dissipative ; dans le même temps, le principe de meilleure action supprime le chaos dans notre monde macroscopique. Dans les premiers textes sur le sujet, on a peut-être trop insisté sur la nécessaire pire action mais il est clair que le but final (meilleure action) est d'éviter le chaos dans des systèmes technologiques devenus trop dangereux.**

Les théoriciens du chaos, dont l'authentique chef de file fut Henri Poincaré, puis Lorenz et plus récemment Ilya Prigogine, René Thom et beaucoup d'autres (Gilmore, Gleick, Manneville, Mandelbrot . . .), ont élargi la physique en remettant en cause le déterminisme dans les lois du mouvement. Prigogine (Prix Nobel de chimie 1977), en particulier, dans les années 1970, avait attiré l'attention sur ces structures auto-organisées qui naissent loin de l'équilibre. Il les appela structures dissipatives.

Ce sont des créations ordonnées que l'on peut observer partout autour de nous. Elles font notre admiration.

Mais les physiciens du chaos et les thermodynamiciens ne semblent pas avoir poussé leurs réflexions au-delà de l'observation et de la description des phénomènes. Or, il faut absolument tenter d'éviter ces structures auto-organisées qui envahissent certains équipements, car les instabilités qui les accompagnent excitent les structures, les fatiguent et les affaiblissent. Peu à peu, les fissures apparaissent ; de la corrosion n'est pas à exclure.

- Boltzmann nous enseigne que l'entropie est une mesure du désordre qui règne dans le monde moléculaire. À l'état d'équilibre final, après dégradation de l'énergie cinétique, l'entropie atteint sa valeur maximum.

- Pour Prigogine : avant d'atteindre le désordre maximal de Boltzmann, il faut d'abord franchir des structures dissipatives qui, en échangeant de la matière et de l'énergie avec leur environnement, entravent le retour à l'équilibre. C'est pourquoi les planètes, les arbres, etc., bénéficient d'une durée de vie avant de s'éteindre.

Peut-on rejoindre rapidement le désordre maximum de Boltzmann en évitant les zones fluctuantes et les structures dissipatives de Prigogine ? Ou plus simplement : peut-on éviter le chaos dans ces équipements ?

La réponse est nettement : Oui, à condition d'utiliser le principe de double action.

Les expérimentateurs ont observé et mis en évidence les structures dissipatives dans lesquelles de l'ordre apparaît au milieu du désordre. Or, dans certains cas, comme dans les soupapes de sécurité, ces structures sont accompagnées de phénomènes violents, parfois dévastateurs.

Certaines de ces structures auto-organisées qui naissent loin de l'équilibre sont parfois inacceptables car l'ordre qui s'introduit dans un tel système l'empêche parfois de rejoindre rapidement son point d'équilibre final et prolonge ainsi la vie de phénomènes dangereux. C'est le cas des ouragans. L'ordre qui apparaît dans certaines de ces structures dissipatives doit donc être éliminé.

Sous sa forme classique, le second principe de la thermodynamique s'exprime par : **l'énergie se dégrade.** Dans son application aux structures dissipatives à anéantir, nous devons l'écrire : **l'énergie doit être dégradée.** montrant ainsi notre détermination à agir.

Pourquoi dégrader volontairement de l'énergie ?

Dans les soupapes de sûreté, comme dans celle de Papin par exemple, il y a dégradation d'énergie, donc création d'entropie. Ceci vaut pour tous les robinets y compris ceux installés dans les habitations.

L'énergie se conserve mais l'énergie se dégrade, et en se dégradant selon son bon plaisir, elle risque de créer incidents et accidents. Puisque les puissances motrices dans de tels dispositifs atteignent industriellement des valeurs exprimées en mégawatts, associées à des capacités notables de nuisance de toutes sortes, cette dégradation doit être maîtrisée.

Lorsque ces systèmes thermodynamiques hors équilibre et fluctuants par endroits sont mis en relation avec des systèmes mécaniques qu'ils fragilisent, la situation devient périlleuse. Lorsque l'énergie à dissiper atteint des valeurs considérables, dont une partie d'entre elle se transforme en énergie vibratoire et acoustique mettant en danger des hommes et des machines, ce n'est plus l'heure d'observer. Il convient de tenter de s'échapper rapidement de ces dispositifs menaçants. La solution proactive décrite ci-après consiste à dégrader cette énergie au plus vite, par des dispositifs adéquats : les *vistemboirs*, bras armés de la partie pire action du principe de double action.

Cette méthode qui peut paraître répréhensible à première vue va se montrer fort utile et nécessaire. Le principe de pire action est particulièrement efficace dans cette branche de la physique, délaissée par les physiciens, où de l'énergie doit être volontairement dégradée.

Ce principe permet d'échapper à ces structures dissipatives devenues nuisibles ; il permet de supprimer l'ordre apparu dans des domaines où l'on doit, au contraire, dégrader rapidement et massivement de l'énergie. Ce principe s'oppose donc frontalement au principe de moindre action de la mécanique classique, d'où son nom.

> *Le principe de double action a pour objet, en supprimant de l'ordre, de créer un grand désordre dans le monde microscopique (pire action) afin d'éviter le chaos dans notre monde macroscopique (meilleure action). Il doit être appliqué dans des circonstances, certes peu nombreuses, mais cruciales pour le genre humain.*

Parmi les structures dissipatives très dangereuses, on peut citer, entre autres :

- les soupapes dites de contrôle et de sécurité des centrales énergétiques dans lesquelles, par inadvertance, on a laissé le chaos s'installer, alors qu'elles sont chargées d'assurer notre protection et de protéger les installations et l'environnement.

- les ouragans qui se débarrassent de leur puissance motrice en semant la désolation sur les terres habitées et nous ruinent.

Dans n'importe quel système, un ingénieur traque les sources principales d'irréversibilités et essaye de les supprimer, ou au moins de les réduire pour améliorer l'efficacité des installations.

La démarche ci-après est radicalement différente car elle s'attache à créer beaucoup d'irréversibilités, d'entropie, de désordre en utilisant le principe de pire action, lequel se propose de détruire tout ordre dans certains écoulements devenus néfastes lorsqu'ils deviennent des structures dissipatives dangereuses, car étant poussées trop loin de leur équilibre initial.

Le second principe de thermodynamique n'est plus adapté, car il s'est laissé piégé dans les mailles du chaos et est donc limité pour dégrader plus d'énergie. La partie pire action du principe de double action en supprimant l'ordre dans certaines structures dissipatives va permettre des dégradations d'énergie plus importantes, plus rapides dans des conditions de stabilité d'écoulement optimales.

Confrontation entre les principes de moindre et de double action

Ces deux principes cohabitent parfois dans la complicité lorsque l'un s'efface devant l'autre, souvent dans le conflit lorsque l'un n'est plus négligeable devant l'autre. Ils prennent tout leur sens dans la complexité qui naît lorsque l'on change l'échelle d'observation en passant du monde moléculaire à notre monde macroscopique.

Ces deux mondes coexistent en nous et autour de nous. Indépendants en apparence, mais en fait profondément enchevêtrés, ils ne cessent d'interférer, de se chicaner et de s'affronter. L'un d'eux est à l'échelle humaine, tandis que l'autre infiniment plus petit est capable de s'organiser et peut devenir redoutable.

Les mondes microscopique et macroscopique sont radicalement différents :

- Le monde microscopique est discontinu, linéaire et réversible, il est sous l'influence du principe de moindre action.

- Le monde macroscopique est continu, non-linéaire et irréversible, c'est le domaine où intervient le second principe de la thermodynamique. Lorsque celui-ci, limité par les phénomènes chaotiques qui introduisent de l'ordre, n'est plus en mesure de dégrader correctement de l'énergie, c'est le principe de double action qui doit prévaloir.

S'échapper du chaos et des structures dissipatives !

Lorsqu'on pousse un système très loin de l'équilibre, deux aspects néfastes pour la dissipation de l'énergie cinétique se manifestent :

- d'abord le chaos spatio-temporel qui déstabilise l'écoulement,

- puis les structures dissipatives qui introduisent de l'ordre, lequel perturbe le système en cours de désorganisation.

La dégradation d'énergie cinétique par le principe de double action

Puisqu'il apparaît une part d'ordre dans une structure dissipative, celle-ci ne dégrade pas suffisamment d'énergie cinétique. Il fallait donc inventer une autre structure : je l'ai appelée dégradeur d'énergie cinétique ou plus brièvement : vistemboir. On devait en effet se démarquer de termes comme dissipateur d'énergie à connotation trop faible. Les notions nouvelles ne vont pas sans quelques hésitations et confusions dans les mots. C'est ainsi que "vistemboir" n'est pas le terme le mieux adapté pour désigner l'objet chargé d'appliquer le principe de pire action puisque les dictionnaires insistent sur l'inutilité d'un tel objet. Il vaudrait mieux utiliser un autre mot ; on a proposé d'adopter ventose, terme qui correspond bien aux actions à mener en aérodynamique. Comme le mot est bien moins important que l'objet, cherchons encore !

Structure dissipative, terme utilisé par Prigogine n'est pas suffisamment évocateur dans les cas précités ; on doit dégrader beaucoup plus d'énergie. Ce procédé vistemboir qui prend plusieurs formes selon le dispositif auquel on l'applique est le bras armé du principe de double action. Ces structures dissipatives, qui suivent les zones chaotiques, sont encombrantes et entravent l'accès à l'équilibre final. Elles sont incapables de dégrader de l'énergie cinétique rapidement et dans le minimum de place. Par la part d'ordre qu'elles contiennent, ces structures dissipatives sont néfastes. Il faut donc les détruire.

Mais comment faire ?

Les soupapes de sécurité fonctionnent le plus souvent en régime supersonique, c'est-à-dire avec un rapport de pression entre l'amont et l'aval de l'ordre de 2 et parfois moins ; il en va de même des soupapes de régulation des centrales énergétiques lors des charges partielles de fonctionnement.

Quand on résoud les équations qui décrivent les écoulements supersoniques, on tombe sur une curiosité. Ces équations conduisent à des caractéristiques réelles en chaque point du champ étudié. Chacun des points, à l'intérieur du réseau d'ondes possède une pression, une vitesse, une direction de la vitesse, etc. différente de sa voisine. Ce réseau peut être obtenue par la méthode dite des caractéristiques.

Dans le régime subsonique qui nous est bien plus familier, les équations des écoulements de fluide compressible conduisent à des caractéristiques imaginaires. Que le régime supersonique soit d'un accès relativement plus facile que le régime subsonique est une agréable surprise que nous offre la nature.

Principe de double action - Exemple

Application du principe de double action pour les évasements brusques, les orifices des plaques perforées (dispositifs de contournement des turbines)

Quand Borda conduisait des expériences avec de l'eau pour ses démonstrations avec des vitesses semblables à celles de l'écoulement tranquille d'une rivière, il n'avait aucun risque d'exciter les structures de son installation. La façon avec laquelle l'énergie cinétique dans le fluide était détruite n'était pas le sujet des études de Borda, mais c'est le nôtre ici et maintenant dans le cas de fluides compressibles en cours de détente. De nos jours, les dispositifs comme les plaques perforées, les descendants modernes de l'évasement brusque de Borda, doivent dégrader de l'énergie cinétique dans un fluide gazeux possédant une puissance motrice considérable. Pour donner un ordre de grandeur, des puissances de dix mégawatts peuvent être rencontrées. Les fluctuations brusques dans la pression du fluide peuvent alors fragiliser les structures.

Peu à peu, des fissures apparaissent, même dans des parties lointaines de la zone excitée.

Puisque leur énergie cinétique n'a pas été détruite, les fluides la dégradent eux-mêmes à leur guise, c'est-à-dire de manière qui peut perturber sévèrement les installations. Est-il sage de permettre aux écoulements de se comporter d'une manière incontrôlée, menant au chaos spatio-temporel quand on sait que la puissance motrice qui doit être dégradée peut atteindre de si grandes valeurs ?

Le vistemboir le plus simple (figure 1), décrit ci-après, consiste en un détendeur supersonique bidimensionnel capable de produire un mélange intense. Des tuyères supersoniques à zone de détente réduite sont disposées de part et d'autre du jet supersonique central. Elles sont alimentées dans les mêmes conditions que le jet central et construites de telle manière qu'une onde de choc de recompression existe avant l'extrémité de chaque tuyère ainsi formée. Derrière cette onde de choc, l'écoulement est donc subsonique.

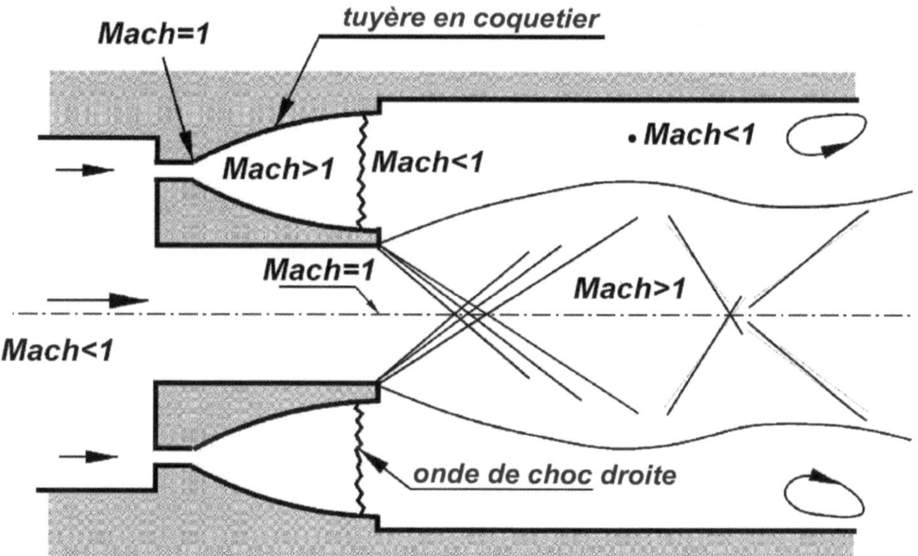

Fig. 1   Le vistemboir le plus simple

Dans la zone de mélange, des différences considérables de vitesses sont ainsi créées entre un écoulement supersonique central et des écoulements subsoniques périphériques.

Puisque cette différence de vitesses est plus importante que la vitesse moyenne des molécules, le mouvement de celles-ci doit en être très affecté et les échanges de quantité de mouvement sont très intenses. Le système fluide peut ainsi être stabilisé avec une rapide dissipation d'énergie cinétique plus significative que dans un évasement brusque simple. Le rendement d'un tel appareil est épouvantable. C'était le but recherché.

Le vistemboir va à l'encontre de la mécanique des fluides traditionnelle, il va se révéler très utile pour maîtriser certains écoulements.

Le dégradeur d'énergie cinétique ou vistemboir présenté ci-dessus est un instrument spécifique qui applique le principe de double action. Il permet d'éviter les zones chaotiques (meilleure action) et dégrade rapidement et massivement l'énergie cinétique contenue dans un fluide (pire action). Celui-ci atteint beaucoup plus rapidement et sans instabilités son équilibre final.

Depuis notre monde macroscopique, il devient donc possible d'imposer un certain comportement au monde microscopique.

L'exemple ci-dessus sera utilisé dans des applications aux centrales de production d'énergie mécaniques (thermique classique, nucléaire ou solaire).

L'âne de Buridan

Jean Buridan, recteur de l'Universié de Paris vers 1340, était un personnage brillant dont François Villon et Alexandre Dumas, entre autres, rapportent quelques aventures amoureuses, en particulier dans l'affaire de la Tour de Nesle. On loue également son charisme pour attirer des subventions académiques. Mais ce qui nous importe aujourd'hui est la légende sur son âne.

Le paradoxe de l'âne de Buridan est une parabole selon laquelle son âne est mort de faim entre deux picotins d'avoine placés à égale distance de lui, faute de pouvoir choisir. Une autre version existe dans laquelle l'âne de Buridan est mort de faim et de soif car il ne savait pas s'il devait commencer par manger ou par boire.

Leibniz et l'âne de buridan

C'est ce qui fait aussi que le cas de l'âne de Buridan entre deux prés, également porté à l'un et à l'autre, est une fiction qui ne saurait avoir lieu dans l'univers, dans l'ordre de la nature.... Il est vrai, si le cas était possible, qu'il faudrait dire qu'il se laisserait mourir de faim : mais, dans le fond, la question est sur l'impossible; à moins que Dieu ne produise la chose exprès. Car l'univers ne saurait être mi-parti par un plan tiré par le milieu de l'âne, coupé verticalement suivant sa longueur, en sorte que tout soit égal et semblable de part et d'autre; comme une ellipse et toute figure dans le plan, du nombre de celles que j'appelle amphidextres, pour être mi-partie ainsi, par quelque ligne droite que ce soit qui passe par son centre. Car ni les parties de l'univers, ni les viscères de l'animal, ne sont pas semblables, ni également situées des deux côtés de ce plan vertical. Il y aura donc toujours bien des choses dans l'âne et hors de l'âne, quoiqu'elles ne nous paraissent pas, qui le détermineront à aller d'un côté plutôt que de l'autre. Et quoique l'homme soit libre, ce que l'âne n'est pas, il ne laisse pas d'être vrai par la même raison, qu'encore dans l'homme le cas d'un parfait équilibre entre deux parties est impossible, et qu'un ange, ou Dieu au moins pourrait toujours rendre raison du parti que l'homme a pris, en assignant une cause ou une raison inclinante, qui l'a porté véritablement à le prendre ; quoique cette raison serait souvent bien composée et inconcevable à nous-mêmes, parce que l'enchaînement des causes liées les unes avec les autres va loin.

Leibniz, Essais de Théodicée, 1710, (GF-Flammarion, 1969)

L'âne de Buridan

Voltaire et Buridan

Lettre de Frédéric II, Roi de Prusse à Voltaire, 8 Sept. 1751

Les affaires et les vers sont des choses d'une nature bien différentes : les unes donnent un frein à l'imagination, les autres veulent l'étendre. **Je suis entre deux comme l'âne de Buridan.**

L'évasement brusque et l'âne de Buridan

Lorsqu'on étudie l'écoulement supersonique dans un évasement brusque, on peut observer l'influence de l'éloignement des parois. Lorsqu'on rapproche ces parois suffisamment, le jet supersonique se colle sur une paroi ou sur l'autre ; une toute petite différence de géométrie, ou autre, aura un effet important : c'est un exemple de chaos spatio-temporel : un évènement minime fait basculer le jet d'une paroi sur l'autre.

L'âne de Buridan choisit une des deux parois selon un détail qui nous échappe (le battement d'ailes d'un papillon en est exemple).

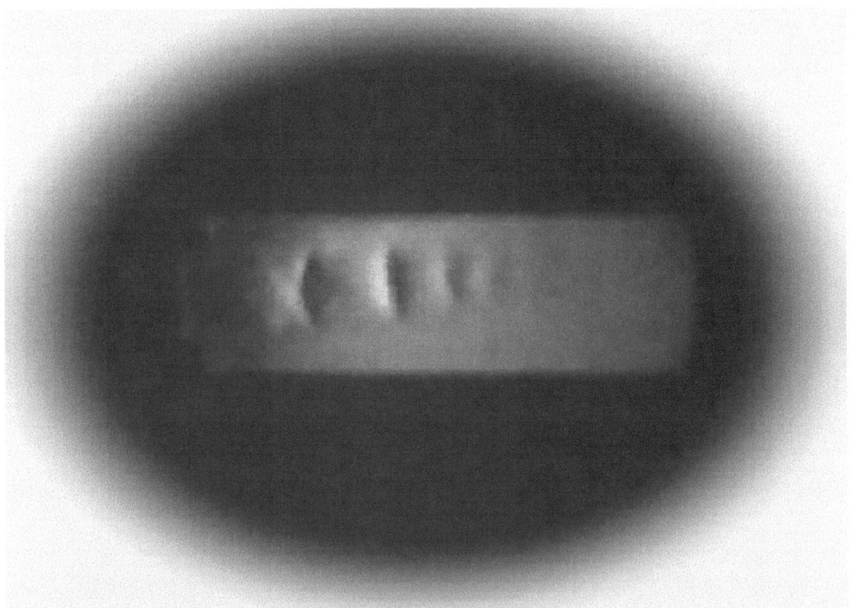

Visualisation du chaos dans un évasement brusque

par strioscopie

13   La turbine Arabelle

1984 : une année faste pour les centrales nucléaires françaises.

Cette année là, Gilbert Riollet, directeur technique des turbines à vapeur de la division Electromécanique du Groupe CGE (Compagnie générale d'électricité) reçoit, avec son équipe, le Grand Prix Technique des mains du Ministre de l'Industrie et de la Recherche. Ce geste couronne l'invention de la turbine à vapeur française Arabelle.

Article de la Revue Générale de l'Électricité S.A. 1982

Les turbines de 1500 MW des nouvelles centrales nucléaires.

par Gilbert Riollet, Directeur Technique des Turbines à Vapeur ALSTHOM-ATLANTIQUE, Professeur à l'École Centrale des Arts et Manufactures

Résumé : L'expérience acquise en France dans la construction et le fonctionnement des turbines nucléaires de grande puissance apporte un fondement solide à la création de nouvelles unités de 1500 MW et permet d'optimiser l'ensemble de leurs qualités. Gilbert Riollet décrit la machine destinée au palier N4 du programme nucléaire d'EDF. Il montre ensuite comment l'architecture retenue se prête aussi à la réalisation d'autres cycles nucléaires.

Ainsi naît Arabelle qui, au fil des ans, avec les efforts conjoints d'Alstom et des exploitants de centrales, en premier lieu EDF, va devenir la meilleure du monde avec une technologie indépendante.

Les derniers brevets permettent à Arabelle de conquérir le secteur des grandes puissances jusqu'à 1900 MW.

La soupape Ventose

Nicolas Sadi Carnot étudia une machine parfaite dans laquelle les écoulements sont suffisamment lents pour qu'elle puisse être considérée comme dénuée d'irréversibilités.

Dans le cas d'une machine réelle, les écoulements sont beaucoup plus rapides et des irréversibilités de toutes sortes apparaissent ; elles perturbent sévèrement le fonctionnement des installations.

> **Brevet CETIM (Centre Technique des Industries Mécaniques) (France, Europe, USA, Canada, URSS, Japon) (1984)**
>
> Procédé pour stabiliser l'écoulement des fluides lors d'une détente accompagnée de dégradation d'énergie cinétique, soupapes et détendeurs mettant en œuvre ce procédé.

On montre en figure 6.1 que ces machines sont en général munies :
- de soupapes de sûreté fonctionnant en tout-ou-rien,
- suivies de soupapes de régulation (chapitres suivants),
- de dispositifs de contournement de la turbine, reliant directement la source chaude au condenseur. Ceux-ci sont traités par le même procédé que la soupape ventose.

Ces éléments sont à tort souvent assimilés à des accessoires de la turbine, alors que leurs écoulements internes possèdent des énergies cinétiques considérables qui perturbent parfois profondément le fonctionnement d'ensemble de la machine, et la sûreté de l'installation complète. Le procédé ventose, utilisant les propriétés des écoulements supersoniques, est révolutionnaire car il supprime quasiment toute instabilité dans les écoulements et assure donc une sécurité efficace de fonctionnement.

La soupape ventose associée à la turbine Arabelle forme un ensemble particulièrement performant et sûr.

14   Le chaos dans les évasements brusques

En 1994, année du bicentenaire du CNAM[1], la chaire de turbomachines que j'occupais présenta une conférence soutenue par les milieux industriels, intitulée :

Écoulement dans les organes de détente
Hommage à Denis Papin

Puisque la stèle de Denis Papin, dans la cour d'honneur du CNAM indique *"Denis Papin, invente la machine à vapeur en 1690"*, certains ont pu dire que l'on parlait d'une vieille histoire dépassée ; on va essayer de montrer que la soupape, elle, est bien au contraire, toujours d'une cruciale actualité. Pour traiter les problèmes liés aux soupapes, il est recommandé de se référer aux travaux de Denis Papin.

Les écoulements dans les soupapes de sûreté et de régulation sont un exemple remarquable d'application des lois de la thermodynamique. L'énergie cinétique de la vapeur s'échappant de la soupape se dissipe par frottement dans l'atmosphère ambiante. La puissance motrice disponible est mécaniquement perdue.

La Direction des Etudes et Recherches d'EDF, qui s'est associée à l'effort général de compréhension des écoulements dans les soupapes de sûreté mené en France par le CETIM, a bien voulu, pour la manifestation du bicentenaire du CNAM, effectuer, sur super-ordinateur CRAY, un calcul de l'écoulement supersonique lors de l'ouverture de la soupape de sûreté de Denis Papin.

Parallèlement, dans le laboratoire du CNAM, la soupape de Papin fut essayée. Les résultats montrèrent que cette soupape d'origine fonctionnait correctement.

---

[1]Conservatoire National des Arts et Métiers, fondé le 19 vendémaire de l'an III (10 Octobre 1794) pour "perfectionner l'industrie nationale"

Les différents résultats de calcul obtenus ont été enchaînés sur un film vidéo montrant l'établissement du régime. On peut voir, en particulier sur la figure d'accompagnement de cette présentation (figure 1), l'ampleur prise par le jet supersonique de vapeur. Des nombres de Mach de l'ordre de 5 sont obtenus localement à l'échappement de la soupape de Papin, soit des vitesses locales de l'ordre de 700 mètres par s

Figure 1
Stèle de
Denis Papin
Cour d'Honneur CNAM

Sur ce montage photographique, le jet supersonique qui s'échappait de la soupape de Denis Papin a été ajouté. On constate l'épanouissement du jet libre à l'échappement.

Application des principes de thermodynamique à l'écoulement dans une soupape de sûreté

Le premier principe de la thermodynamique nous enseigne

que l'énergie se conserve ; on le nomme encore principe de conservation de l'énergie.   Le second principe de la thermodynamique stipule que l'énergie ne peut que se dégrader. Cette apparente contradiction : **l'énergie se conserve et l'énergie se dégrade** a alimenté une polémique chez les scientifiques pendant des dizaines d'années.

On suppose, dans l'application à une soupape de sûreté que celle-ci est disposée en protection d'un réservoir rempli d'air comprimé à température ambiante, et que l'air se comporte comme un gaz idéal parfait.

Lors d'une surpression due à un évènement extérieur passager la soupape de sûreté s'ouvre, et en supposant que le réservoir amont est de grande dimension (pour simplifier), l'écoulement après un temps relativement bref d'établissement peut être considéré comme permanent.   On admettra donc que l'écoulement est permanent dans une soupape en action communiquant avec deux enceintes à pression constante.

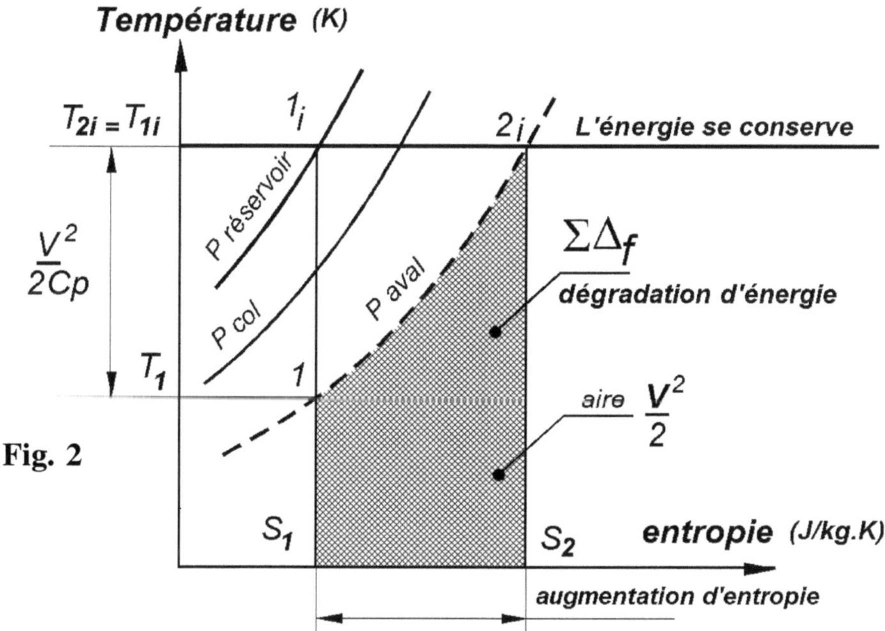

L'écoulement à travers la soupape s'effectue avec une énergie cinétique notable puisque la différence de pression entre l'air comprimé dans le réservoir et le volume en aval, qui est généralement l'atmosphère, peut être importante. (de plusieurs bars à plusieurs dizaines de bars)

Cette énergie cinétique ordonnée est anéantie dans l'atmosphère aval où elle est transformée en énergie désordonnée d'agitation thermique.

L'application du premier principe de la thermodynamique à la soupape indique que l'enthalpie d'arrêt, et la température d'arrêt dans notre cas, se conservent ($T_{2i} = T_{1i}$). La dissipation d'énergie annoncée par le second principe de la thermodynamique est représentée par l'aire hachurée du diagramme entropique de la figure 2.

Cette aire représente encore l'énergie cinétique du jet d'air issu de la soupape. La puissance motrice de ce jet est donc égale au produit de l'aire hachurée par le débit masse traversant le dispositif. Cette puissance motrice du jet d'air est mécaniquement perdue. Dans la soupape de Denis Papin, la puissance motrice du jet de vapeur atteignait plusieurs dizaines de kilowatts.

La soupape de sûreté protège donc le réservoir amont des surpressions éventuelles; le rôle de cet organe est d'évacuer de la matière pour rétablir la pression dans le réservoir à sa valeur de consigne.

Pendant ce processus l'énergie contenue dans cette matière se dissipe.

Il suffira ici de dire que dans les soupapes de sûreté, comme dans celle de Papin par exemple, il y a eu dégradation d'énergie, donc création d'entropie. Cette création d'entropie, qui accompagne toute transformation irréversible, est absolument définitive.

> ## L'énergie se dégrade, mais dans les soupapes elle doit être dégradée

Dans les années 1990, on savait que certains problèmes sérieux posés par le fonctionnement des soupapes de sécurité pour protéger les chaudières n'étaient toujours pas résolus. Une autre recherche d'intérêt général, plus spécifique aux seules soupapes de sûreté, conduite au CNAM et au CETIM a alors été entreprise [2].

La figure 3 montre une soupape utilisée dans les années 1820.

Figure 3

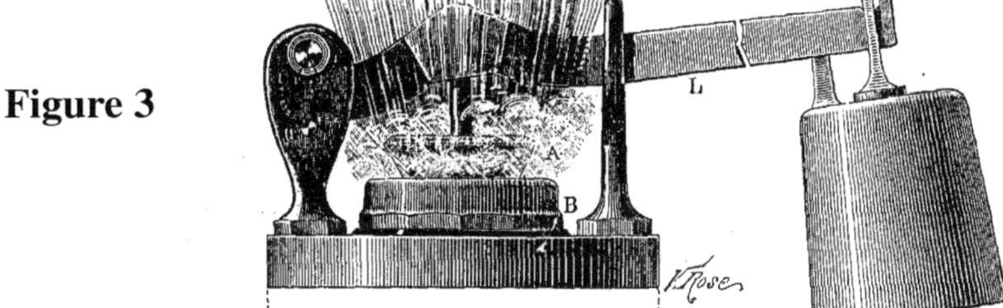

Une soupape de sûreté actuelle fait l'objet de la figure 4.

fig 4

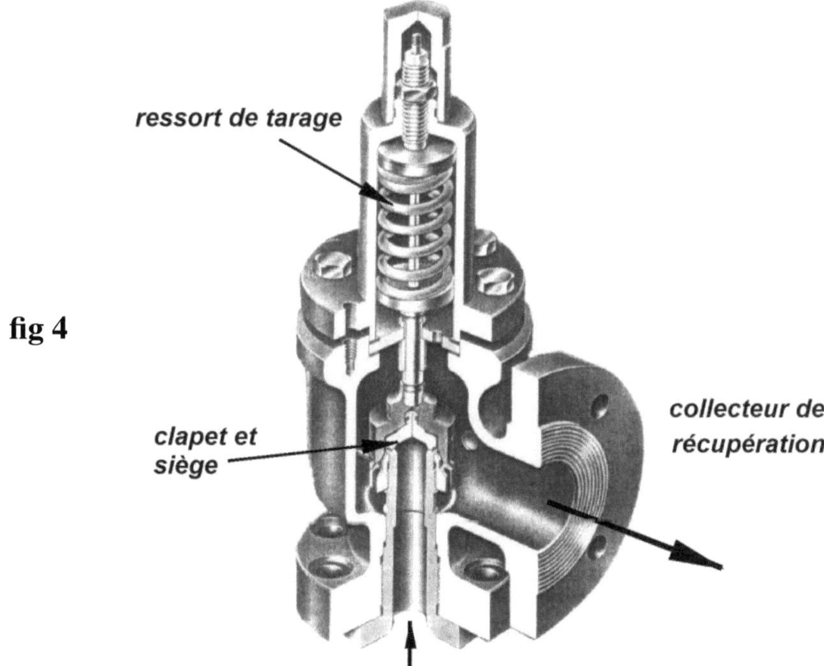

Les soupapes, depuis Papin, ont subi une modification importante par ses effets car elle va perturber considérablement leur

---

[2]Des soupapes plus tranquilles - Cetim-Information Juin 98

fonctionnement : il s'agit du confinement en aval du col.

La mise en place du collecteur permettant la récupération du fluide expulsé est un changement crucial par rapport à la soupape de Papin. Toute la puissance motrice contenue dans le fluide, qui se libérait auparavant à l'atmosphère, est maintenant obligée de se dissiper dans l'espace réduit d'une canalisation. Au vu de l'amplitude du jet qui s'échappe de la soupape de sécurité de Papin (voir figure 1), il est clair que l'écoulement est fortement gêné par le confinement réduit qui lui est proposé pour se détendre en aval. Les phénomènes sont si compliqués qu'on ne peut avoir la prétention de les décrire en détail. L'écoulement va se débrouiller pour dégrader sa puissance motrice au mieux de ses intérêts, de ses caprices, sans se préoccuper le moins du monde de garantir notre sécurité, d'où la survenue de nombreux accidents.

Plutôt que d'utiliser les lois de la thermodynamique sous la forme traditionnelle ; il devient nécessaire de les exprimer sous la forme : l'énergie se conserve, mais dans certains cas l'énergie doit être dégradée. Entre ***l'énergie se dégrade*** et ***l'énergie doit être dégradée***, la différence est énorme. L'énergie se dégrade consiste à laisser le monde microscopique agir comme bon lui semble. L'énergie doit être dégradée signifie que nous allons tenter d'agir sur le monde moléculaire.

Cette variation brutale de section (figure 10) est ce qu'on appelle un évasement brusque. De nombreuses recherches exprimentales ont été menées sur ce sujet, initialement relatives au franchissement des piliers de pont par les rivières et les fleuves.

Écoulements dans les évasements brusques

L'un des premiers scientifiques ayant observé les écoulements issus d'évasements brusques fut, semble-t-il, Léonard de Vinci. (fig. 5)

Puis, on doit souligner les travaux du Chevalier de Borda (1766) qui mena des expériences sur une tuyauterie d'eau munie d'une brusque variation de section. Borda détermina aussi la dissipation d'énergie, liée à l'énergie cinétique, résultant de cette géométrie.

En fluide fortement compressible, d'autres complications

apparaissent. Elles sont liées principalement à la sous-détente du jet supersonique entre la section sonique de fin d'orifice et la partie aval.

Fig. 5 -Évasement brusque de Léonard de Vinci

Fabri et Siestrunck remarquent, lors de l'échappement d'un écoulement supersonique dans une cavité aval, des écoulements qui ont retenu notre attention (figures 6) et laissent présager des instabilités d'écoulements pour certains rapports de détente et pour certaines géométries d'évasement.

Le jet supersonique, généré par un système d'ondes de détente infinitésimales issues des bords de l'orifice, s'évase d'abord puis forme un système de tonneaux périodiques qui est détruit plus loin à l'aval par des pseudo-chocs plus ou moins stationnaires.

La situation est donc compliquée et ne peut être débrouillée que par l'observation minutieuse des écoulements. On notera que Léonard de Vinci (qui savait dessiner) nous propose un schéma qui n'est pas tout à fait symétrique.

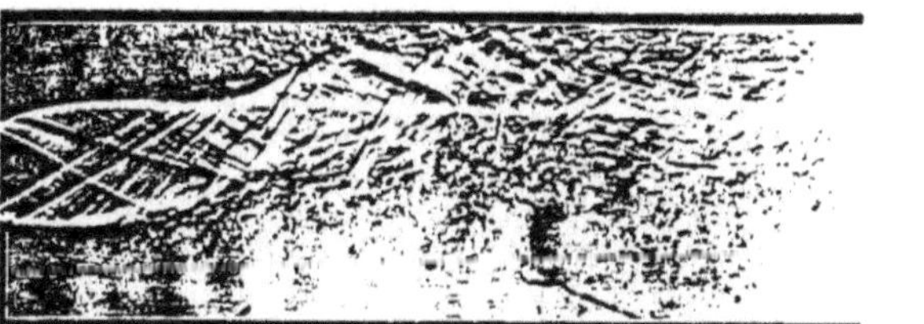

fig. 6a - Pression amont = 5 bar

Ce jet supersonique forme, lors de son interaction complète avec la paroi de la cavité aval, un système d'ondes de chocs obliques organisé, suivi par une queue de pseudo-chocs turbulents.

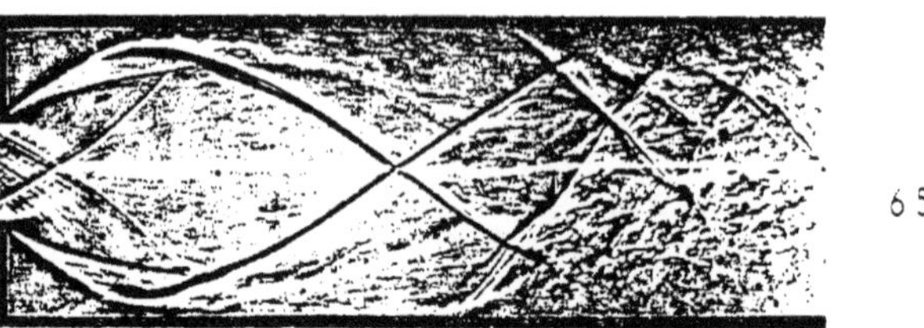

figure 6b - Pression amont = 6.5 bar

Les visualisations obtenues par strioscopie et les mesures effectuées à l'aide de capteurs à court temps de réponse confirment la violence de ces instabilités qui semblent suivre les lois du hasard.

Les manifestations physiques bistables précédentes perturbent souvent les installations munies d'évasements brusques soumises à des fluides compressibles et peuvent entraîner des dysfonctionnements, voire des dégâts matériels.

Si les soupapes industrielles étaient la cause de nombreux incidents et accidents, c'était parce qu'elles étaient le siège de défauts de conception.   On pouvait expliquer pourquoi, mais il fallait entrer plus profondément dans les problèmes liés aux écoulements.

Le défaut de conception provient de la non prise en compte des effets du chaos lors de la récupération du fluide issu de la soupape. Il était louable de tenter de récupérer le fluide issu de la soupape. Encore fallait-il tenir compte du comportement chaotique du jet qu'il fallait canaliser à l'aval. C'est Boltzmann qui nous fournira la solution.

Quoi !
On veut récupérer un jet de fluide compressible à Mach 5 dans une tuyauterie, et de plus une tuyauterie coudée.!
Nous rêvons !
Nous allons y revenir.

15   Le chaos dans les soupapes

La puissance dissipée par laminage dans les soupapes d'une turbine à vapeur peut atteindre plus de 100 MW à des levées intermédiaires. Cette énergie dégradée ne se manifeste fort heureusement qu'en partie en énergie vibratoire et sonore.

Les instabilités d'écoulement dans les soupapes

Pour analyser les mécanismes des écoulements non contrôlés afin de tenter de les stabiliser, il était indispensable de les étudier d'abord par voie expérimentale en raison de leur complexité qui interdit le choix d'un modèle mathématique a priori.

Apparition des instabilités dans les soupapes

Alstom, à l'initiative de cette recherche dès 1969, réussit à sensibiliser les autres constructeurs de turbines à vapeur et EDF du bien fondé de recherches sur les soupapes des centrales thermiques. Au LTG (Laboratoire de la turbine à gaz) , chargé d'étudier le comportement de ces organes de réglage, on commença par l'étude du fonctionnement au point nominal et proche du point nominal, c'est-à-dire lorsque les soupapes d'obturation et de réglages sont grandes ouvertes et les pertes énergétiques minimes.

Les premiers essais effectués ainsi en régime subsonique sur maquette aérodynamique (figure 1) révélaient que pour certaines levées de clapet l'écoulement était particulièrement instable, aucune mesure aérodynamique moyenne n'était possible.

Le ventilateur qui alimentait la maquette se mit dans certains cas, à pomper en déclenchant des coups de tonnerre dans le laboratoire avec affolement des manomètres, etc.

Maquette pour études en écoulement supersonique

Fig. 1 - *Maquette d'un soupape d'admission et de régulation*

La situation était impressionnante et inquiétante. Elle ne fut répétée que pour une rapide vérification et sans présentation devant aucun Membre du Comité Technique.

Ce fut une marque de prudence mais aussi une erreur de communication, peut être répréhensible mais j'ai jugé que le comportement de l'installation était trop dangereux. J'ai même évité de présenter le phénomène à Robert Legendre, pourtant président du Comité Technique de l'ATTAG (Association Technique pour les turbines à gaz).

On en déduisit qu'un régime subsonique n'était qu'apparent car l'efficacité de la diffusion dans la tuyère était suffisante pour permettre l'établissement d'un régime transsonique local au voisinage du clapet, au moins aux faibles levées. Ces essais ne donnaient des informations utiles que pour les grandes levées du clapet dans le domaine franchement subsonique et ne fournissaient qu'un aperçu du fonctionnement aux faibles levées.

En raison de l'insuffisance des essais sous faible chute de pression, les résultats devaient donc être enrichis par des essais sur une maquette à plus petite échelle permettant d'observer les écoulements supersoniques qui se produisent dans les soupapes de régulation lors des faibles charges de la turbine.

Une étude expérimentale sur maquette à air à petite échelle a donc été conduite.

Celle-ci était alimentée par l'atmosphère et l'air ambiant qui la traversait débitait dans un réservoir aval dans lequel régnait un vide poussé, au départ de l'expérience. Lors de l'ouverture d'une vanne dans le circuit, on pouvait mesurer les pressions dans la maquette par cette technique dite de rafale inverse. Pour mieux comprendre les phénomènes, même si on s'éloignait de la géométrie d'une soupape tridimensionnelle, cette maquette bidimensionnelle permit de visualiser les écoulements par strioscopie. On put ainsi mieux étudier et mesurer certains aspects des écoulements aussi bien en régime supersonique qu'en régime subsonique.

Plusieurs configurations d'écoulement purent être ainsi mises en évidence (Référence - Stabilization of flow through control valves - ASME 1986). Des phénomènes instables et violents se manifestaient à chaque passage d'un comportement à l'autre.

Les structures dissipatives dans les soupapes

Les phénomènes aérodynamiques dans une soupape sont un mélange subtil d'ordre et de désordre.   Ilya Prigogine, par ailleurs avait montré que les systèmes dissipatifs soumis à un déséquilibre important peuvent s'auto-organiser de manière spectaculaire. De l'ordre peut apparaître alors localement mais le désordre augmente ailleurs dans le système afin que les principes de la thermodynamique ne soient pas violés.

Les phénomènes irréversibles ne se réduisent donc pas uniquement à une augmentation du désordre, bien au contraire ils participent activement à la formation de structures ordonnées. L'irréversibilité mène à la fois au désordre et à l'ordre.   On passe ainsi d'un comportement désordonné à un autre dans une soupape, avec des instabilités diverses et variées, le tout entrecoupé de zones d'ordre.

Ilya Prigogine et Isabelle Stengers avaient publié en 1979 ”*La nouvelle alliance*”.   Prigogine avait reçu le prix Nobel de chimie en 1977 pour ses contributions à la thermodynamique de non-équilibre, en particulier la théorie des structures dissipatives.

Je lui écrivis donc mais aucune réponse ne m'est parvenue ; il est vrai que je proposais de supprimer ses structures dissipatives dans certaines installations, et pour leur innovateur, ce ne fut peut-être pas une nouvelle réjouissante.   Il est vrai aussi que, débordé de sollicitations de toutes parts, on a tendance à repousser dans le temps certaines réponses, puis finalement à les perdre de vue. J'ai certainement agi de la même manière dans mon fatras de courrier. Je regrette cependant vivement de n'avoir pu rencontrer Prigogine et d'avoir certainement par ailleurs omis certaines réponses.

Dans l'exemple d'une soupape de sécurité, un déséquilibre important en pression existe lors de l'ouverture. Le fluide est laminé par l'étranglement au niveau du clapet. De l'énergie cinétique est dégradée essentiellement par viscosité. Alors, le désordre croît.

Ce déséquilibre des pressions engendre d'autre part des

structures aérodynamiques que l'on peut visualiser : ce sont les jets supersoniques auto-organisés qui introduisent une part d'ordre dans l'écoulement.

Ordre et désordre cohabitent donc dans ces organes dits de sécurité.   Le conflit entre ordre et désordre est la cause de phénomènes complexes et spectaculaires, mais dangereux.

Dans le livre *L'organisation du désordre pour sortir du chaos*, on a montré comment il est possible de mettre un grand désordre dans le monde moléculaire afin d'échapper au chaos dans notre monde macroscopique, en ouvrant ainsi des voies nouvelles pour calmer ces écoulements chaotiques et violents.

Certains incidents de soupapes sont répertoriés en référence, pour mémoire[1] ; on suivait au fur et à mesure, grâce aux articles de presse et aux informations glanées ici ou là, les incidents sur les soupapes. Il aurait fallu s'y consacrer à temps complet. Notre but était de suivre ces incidents pour savoir à partir de quel moment les constructeurs prendraient effectivement conscience de la gravité de la situation : il suffisait d'attendre impatiemment.

Pendant ce temps, je continuais à "tirer la sonnette d'alarme" pendant une quarantaine d'années en expliquant, brevets et notes à l'appui, comment il était possible de dominer ces écoulements néfastes et parfois destructeurs.

On notait ainsi les incidents majeurs ci-après :

- Centrale de Three Mile Island - Pennsylvanie (Avril 1979)
- Soupape de sûreté du porte-avion Charles-de-Gaulle

    (Octobre 2010)

- Centrale de Flamanville (Décembre 2012)
- Centrale de Fessenheim (Avril 2014)
- Centrale de Cattenom (Mai 2015)
- Centrale de Flamanville (Juin 2015)
- etc.

---

[1]https://system3worlds.com   et   https://physics3words.com

Exemple parmi beaucoup d'autres

Incident de soupape sur le porte-avions Charles-de-Gaulle

Informations nationales : France2.fr avec AFP du 17/10/2010

On apprend que le porte-avions nucléaire Charles-de-Gaulle sera immobilisé plusieurs semaines pour réparer un incident technique.

Alors qu'il était au large de Toulon, à 24h d'un départ en déploiement de quatre mois en Océan Indien, le Charles-de-Gaulle a dû rentrer à quai pour corriger un défaut d'isolement électrique détecté sur une armoire de contrôle d'une soupape de sécurité du circuit de propulsion arrière, a expliqué samedi le Sirpa Marine, dans un communiqué.

Ce défaut d'isolement électrique a été traité mais les investigations menées pour identifier le défaut électrique ont mis en évidence un dysfonctionnement sur une soupape de sécurité précise le communiqué qui ajoute qu'après expertise, la décision a été prise ce samedi 16 octobre de procéder à un échange standard de la soupape.

Pour réaliser cet échange, il faut procéder à un arrêt complet de l'ensemble propulsif arrière selon le Sirpa qui évalue à plusieurs semaines la durée d'intervention.

16   La soupape Ventose

Procédé pour dissiper de l'énergie cinétique dans les soupapes

Nous devons à Ludwig Boltzmann d'avoir révolutionné le second principe de la thermodynamique, en proposant l'exceptionnelle relation ci-après reliant l'entropie au système moléculaire :

$$S = k \cdot \log W$$

dans laquelle : S représente l'entropie,

k est une constante universelle, dite de Boltzmann,

W représente le désordre dans le monde des molécules.

Si de l'énergie est dissipée, ce qui revient à créer de l'entropie, alors du désordre a été introduit dans le système moléculaire.

Le message de Boltzmann a plusieurs significations, dont la plus importante, pour ce qui nous préoccupe aujourd'hui, est de créer un lien entre le monde macroscopique de nos observations et le monde microscopique des molécules.

Dans les évasements brusques, si l'écoulement dissipe à sa guise son énergie cinétique (sa puissance motrice), il risque d'effectuer cette opération de manière anarchique.

Le contrôle de la dissipation d'énergie par un désordre organisé est notre objectif avoué.

Dans les écoulements supersoniques, il existe une particularité favorable pour créer du désordre, énormément de désordre.

Décrivons l'un des procédés possibles pour y arriver.

Sur la tuyère classique de la figure a, on a reporté les lignes caractéristiques que sont les lignes de Mach. Chaque élément contenu entre ces lignes possède des conditions physiques différentes de celles de ses voisins. Ces différences portent sur la masse volumique, la pression statique, la température statique, la vitesse en grandeur et direction, ...etc... . Par contre, les conditions d'arrêt (température d'arrêt, enthalpie d'arrêt ..etc.. et pression d'arrêt) demeurent constantes dans le champ. Autrement dit, il n'y a pas de dissipation d'énergie dans cet écoulement bidimensionnel irrotationnel. La méthode des caractéristiques conserve ces particularités si l'on affine le maillage.

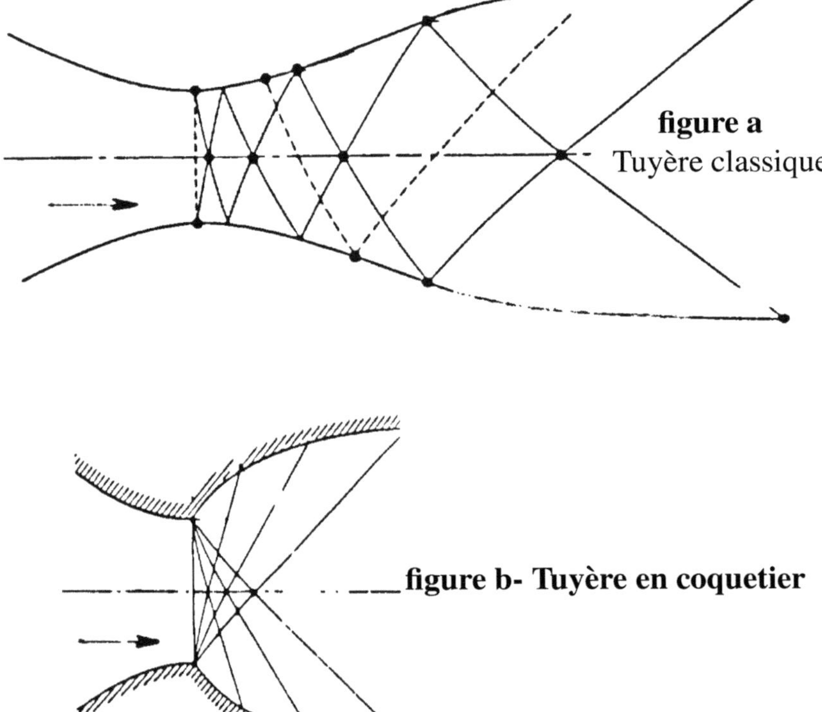

Il en va de même pour une tuyère, de même section au col que la précédente, mais à zone de détente réduite (ou en forme de coquetier) telle que celles utilisées dans les tuyères propulsives des fusées (figure b). Dès le col passé, on impose au fluide une détente de Prandtl-Meyer afin qu'il épouse les parois en coquetier.

Superposons maintenant ces deux tuyères initialement sans pertes. Dans la zone comprise entre le col et la section aval, chacun des éléments du premier maillage va se trouver confronté à un autre élément du second maillage. À l'interface entre ces deux maillages, ces éléments vont être extrêmement perturbés par les conditions sévères de voisinage engendrées par des fluides se détendant très différemment.

Les échanges de quantité de mouvement vont être notables et les dissipations d'énergie importantes car les théories moléculaires des phénomènes de transport dans les fluides ne prennent pas en compte des effets aussi brutaux que ceux introduits par le procédé décrit ici.

Bien entendu, dans une application aux soupapes axisymétriques, on disposera ces tuyères diverses de manière azimutale en leur donnant une certaine épaisseur, dans un montage sandwich.

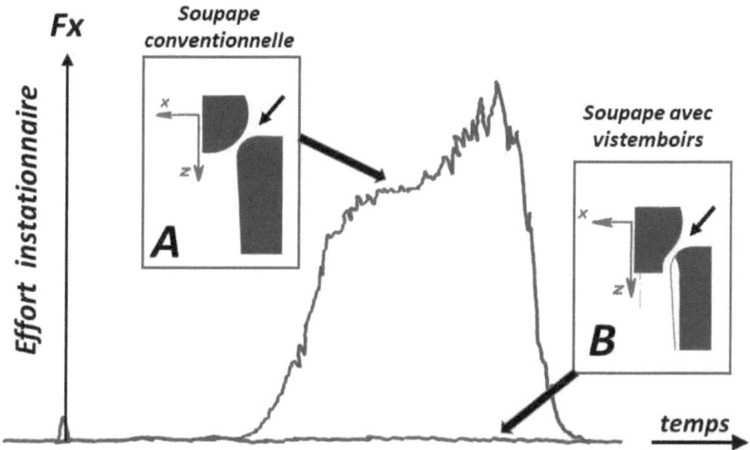

figure c - *La soupape ventose calme les écoulements dans les soupapes de régulation des centrales thermiques classiques et nucléaires*

La justification peut-être la plus évidente de ce procédé, consiste simplement à remarquer que l'on a rendu les écoulements inaccessibles pour un calculateur basant sa démarche sur la mécanique des milieux continus.

Une expérience comparative menée sur une soupape de réglage ne laisse aucun doute sur l'efficacité du procédé. (figure c)

L'objectif est atteint : il y a eu une grande dissipation d'énergie sans instabilités ; l'effet sédatif est spectaculaire.

Afin de ne pas alourdir ce texte, on cite au passage que ce procédé se révèle fort utile sur toute la gamme des levées de la soupape, et que le fonctionnement d'une telle soupape est également satisfaisant même aux fortes levées où la soupape doit être la plus perméable possible pour limiter alors les dissipations d'énergie.

En s'appuyant sur les principes de base de la thermodynamique et en utilisant la mécanique des fluides, on a attiré l'attention sur les risques d'incidents liés à des dissipations d'énergie non contrôlées dans les organes de détente.

La puissance motrice du jet pour une soupape de milieu de gamme fonctionnant en milieu industriel est de l'ordre de 10 000 kW. Fort heureusement, cette puissance en se dégradant, à l'aval du col, ne se manifeste qu'en partie en énergie vibratoire et sonore.

Plutôt que de laisser l'énergie, contenue dans la matière, se dissiper par l'intermédiaire de jets instables dans des systèmes d'ondes de choc plus ou moins stationnaires, on propose de privilégier la dissipation d'énergie par un désordre contrôlé. Cette méthode, qui n'a pas d'antériorité permettra d'améliorer la stabilité des écoulements internes de manière significative. La refermeture des soupapes s'en trouvera confortée.

Les centrales thermiques bénéficient dès lors d'un retour au calme attendu depuis très longtemps.[1]

L'observation des phénomènes fut enrichissante à plus d'un titre et permit de proposer une solution apaisante qui supprimait quasiment toutes les instabilités d'écoulement dans les soupapes.

---

[1]Physics to the rescue... improving safety and operation of nuclear and industrial facilities - Valve World April 2023

17   **Présentation des résultats**

Robert Legendre, Membre de l'Académie des sciences et haut-conseiller scientifique à l'ONERA put écrire que le CETIM avait, le premier au monde, trouvé des remèdes mais aussi dégagé des idées appuyées sur des expériences méthodiquement conduites et raisonnées qui permettent de comprendre et de concevoir de nombreuses variantes.

Il ne fut pas très commode de présenter les résultats, puisqu'il fallait expliquer l'utilité du principe de pire action et la nécessité de supprimer de l'ordre dans la nature. C'est-à-dire d' aller à contre-courant de la doctrine qui voudrait mettre de l'ordre partout, alors que le second principe nous enseigne que c'est vers le désordre généralisé que nous marchons, avec certes des îlots d'ordre. Et qu'il est donc plus utile de chercher à organiser ce désordre qu'à se lamenter sur la croissance de l'entropie.

Allez voir Georges Simon, Directeur scientifique du CETIM, qui n'était pas un plaisantin et proposez lui de déposer à votre compte un brevet intitulé " Procédé pour dégrader l'énergie cinétique dans les fluides ". Non, on le dépose au nom du CETIM me répondit-il ! C'était gagné.

Dépot des brevets internationaux (1984)

Soutenance de thèse (1984)

" Contribution à l'étude des instabilités d'écoulement dans les organes de réglage."

Allez soutenir une thèse en vantant les mérites du principe de pire action, devant des Membres de l'Académie des sciences (dont un ancien président) et des industriels réputés !

**Présentation ASME - Portland (Oregon) - October 1986
"Stabilization of flow through control valves"**

Note d'appréciation du président de séance :

*Nagraj R. Eleswarapu,
Session Chairman "Turbine Design and Operation", 1986, JPGC
to
Dr J.Peres, Directeur Général du CETIM (December 24, 1986)*

....

It gives me great pleasure to write this note of appreciation to you and your organization for your support of our society.

This past October, Dr. Michel Pluviose of your organization presented an excellent technical paper entitled "Stabilization of Flow through Control Valves" at the Joint Power Generation Conference held in Portland, Oregon. Please convey our congratulations and thanks to Dr. Pluviose for his efforts in preparing the paper and making a lucid presentation.

The paper's contribution was original and added significantly to the value of the technical sessions. This would not have been possible without your active support and sponsorship of the author for the conference. On behalf of the American Society of Mechanical Engineers and as the Chairman of the Session, I thank you very much for your support and encouragement.

.............................;

Avis d'un industriel US sur le procédé CETIM-CNAM

La liste des incidents de soupapes s'allongeait, souvent au détriment de la France, puisque outre-atlantique, on était moins administré et donc beaucoup plus réactif. Une copie d'une lettre DR (Dresser Rand) me fut adressée, dans laquelle on peut lire ...

The ASME Transactions of Oct. 1989 contained a 5-page paper by M. Pluviose titled Stabilization of Flow Through Steam Turbine Control Valves." This paper generated considerable interest at DR since we were at that time, trying to eliminate valve instability on a recently commissioned, inner-barrel machine in Korea. I am sure Pluviose's paper is a short summary of your 200 page report. Yes, I would like to receive a translation of the full report as well as information on the unit of present concern to you.

Que l'on puisse enfin calmer les soupapes dans leurs utilisations aux fluides compressibles fut une nouvelle qui se propagea rapidement, et fut unanimement saluée. À tel point que certains se crurent obligés de tenter de se l'accaparer. [1]

La plupart des soupapes sont malades et doivent être soignées

Les statistiques publiées sur les immobilisations de centrales montrent les graves difficultés rencontrées notamment par rupture de tiges et d'équipage de commande des soupapes de régulation.

Les accidents de soupapes ne sont pas limités aux centrales nucléaires. Ci-dessous, un exemple de déboires relatifs à une centrale thermique classique. Les incidents sont plus voyants lorsque le débit de fluide gazeux véhiculé est important, c'est-à-dire dans les centrales nucléaires.

---

[1]suivre par exemple les brevets déposés par Dresser Rand, qui oublient de citer leurs sources, ce qui est sévèrement condamnable, y compris aux USA. Passons ... Ceci est plutôt l'affaire des journalistes d'investigation

Exemple d'accident sur une station thermique classique (non-nucléaire)

Recently we have been working on a poblem involving damage to a 600 MW steam turbine in a coal-fixed power station near ...., ...We have visited the station at several times and as a result I have become better acquainted with the installation and operation of the four control valves for the turbines. The turbine damage is now the subject of a trial in a court of law so I could'nt discuss it in detail until the case has been settled. However it has been very interesting as a turbomachinery problem.

18   L'incident de Flamanville (1/12/2012)

Une affaire abracadabrantesque

On lit dans la presse :

> *1er Décembre 2012 : Nouvelle panne au réacteur 1 de la centrale nucléaire de Flamanville : Le fonctionnement aléatoire d'une vanne de vapeur sur le circuit secondaire a conduit à désactiver celui-ci et à réduire à 6% la puissance du réacteur, ...*

Cet incident allongeait la longue liste des incidents et accidents de soupapes.

Bien que de nombreux documents aient été diffusés depuis 1984, je jugeais utile d'informer directement la direction d'Areva[1]des résultats obtenus au CETIM et au CNAM à la demande des constructeurs et d'EDF sur les soupapes et qui devaient assurer un fonctionnement correct des centrales nucléaires, en particulier, et à toutes les charges.

Réponse d'Areva 2013

> **Je tenais à vous remercier pour votre contribution à l'enseignement de la thermodynamique et vous assurer que nous attachons la plus grande importance à la bonne conception et à la qualification de nos soupapes.**
>
> **Signé : Le directeur général délégué d'Aréva**

---

[1] Areva est un leader mondial dans la conception et la construction de centrales nucléaires, ainsi que l'une des entreprises à l'avant-garde de la renaissance du nucléaire dans le monde (source : site d'AREVA)

Il n'y avait donc rien à attendre de ce côté là. Être snobé m'importait peu, ne pas se soucier davantage des problèmes de sécurité surtout lorsque ceux-ci sont dus à des erreurs de conception me gênait beaucoup. Les responsables n'avaient pas pris la mesure du matériel dont ils avaient la charge, pire ils ignoraient la physique de ces soupapes qui devenaient très dangereuses pour le genre humain. L'accident de Three Mile Island (TMI) pouvait se reproduire n'importe quand et n'importe où.

La réponse d'AREVA ne laissait aucun doute : les incidents allaient continuer de se produire sur les centrales nucléaires.

Pourquoi les turbines Alstom et leurs soupapes idéales (incontestablement les meilleures au monde) sont elles passées d'Alstom à Areva ?

Que s'était-il passé entre Alstom et Areva pour que la France abandonne son rôle international majeur dans le fonctionnement et la sécurité des centrales nucléaires et fasse une si brusque reculade ? D'Alstom à Areva ???

Que sont mes collègues d'Alstom devenus

Que j'avais de si près cotoyés

et tant appréciés

Ce qu'Alstom savait sur le fonctionnement des soupapes, Areva l'ignorait ! Il suffisait d'attendre, car l'augmentation de la puissance unitaire des groupes conduirait inévitablement à des difficultés de plus en plus grandes sur les soupapes d'alimentation des turbines.

L'IRSN[2] lance une alerte

Fin 2014 et début 2015, la presse révèle un (nouveau) problème de conception sérieux sur les soupapes de sûreté de l'EPR.

En juin 2015, le directeur général adjoint de l'IRSN chargé de la sûreté nucléaire déclarait à un service de presse : ***Effectivement, Areva n'a aucune compétence dans la conception de soupapes. C'est un fait. D'ici la fin de l'été, Areva n'aura pas plus d'expérience mais les essais se poursuivent. Au pire on changera les soupapes.***

---

[2]Institut de Radioprotection et de Sûreté Nucléaire

Il fallait que je me rapproche de personnes plus ouvertes que la direction d'Areva aux problèmes de sécurité.

Tout ce qui s'est passé après n'est pas clair et semble résulter d'interventions de personnalités extérieures, incompétentes ou très mal informées.

En vrac, quelques références parmi beaucoup d'autres :

- Livre : le piège américain
par Frédéric Pierucci avec Matthieu Aron
L'otage de la plus grande entreprise de déstabilisation économique témoigne

Quatrième de couverture : *Le 14 avril 2013, Frédéric Pierucci, cadre dirigeant de la division chaudière du groupe français Alstom, est arrêté par le FBI à l'aéroport JFK de New York. Accusé de corruption par la justice américaine qui lui reproche d'avoir su qu'Alstom avait versé un pot-de-vin, en vue d'aboutir à la conclusion d'un contrat en Indonésie en 2004. Il passera 25 mois en détention, purgés en deux fois sur le territoire américain. Victime collatérale de l'affaire Alstom, il a publié ce livre sur ce scandale d'État qui a obligé l'entreprise française à payer la plus gigantesque amende jamais infligée par les États-Unis, et à se vendre à General Electric, son grand concurrent américain.*

- Livre : Une affaire d'état par Bernard Accoyer,
   ancien président de l'Assemblée nationale (2007-2012),
   Éditeur Hugo Doc
La tentative de sabordage du nucléaire français
Dans un livre édité en 2022, Bernard Accoyer dénonce une infiltration de l'appareil d'État.
La filière électronucléaire française menace de sombrer ! Elle provoquait l'admiration de tous les pays du monde.
Auteurs : Bernard Accoyer, Géraldine Maillet

Commission d'enquête de l'Assemblée nationale 2013

> **Assemblée nationale**
> **- Commission d'enquête visant à établir les raisons de la perte de souveraineté et d'indépendance énergétique de la France, clôturée le jeudi 30 mars 2023**

La politique énergétique étant élaborée sur un temps long, la commission d'enquête a étendu ses travaux aux trois dernières décennies. Elle a ainsi entendu, sous serment, 88 personnes : experts et scientifiques, dirigeants du secteur énergétique et des organismes de régulation, hauts fonctionnaires en charge des dossiers énergétiques, anciens ministres, anciens Premier ministres et même fait inédit dans l'histoire des commissions d'enquêtes parlementaires deux anciens Présidents de la République.

Le rapport présente, d'abord, notre état de santé énergétique et retrace le récit de 30 ans de politiques énergétiques. De ces trois décennies, le rapporteur en déduit six grandes erreurs énergétiques qui ont conduit la France à accumuler un retard considérable en terme de souveraineté énergétique .

- Numéro de l'Hebdomadaire Le Point n^{0}2621
(27 Octobre 2022)

> **Enquête sur une débâcle française**
>
> **Comment nous avons sapé notre nucléaire.**
>
> **Du reniement de Jospin au tournant de Macron, vingt-cinq ans de lâchetés**

19   L'accident de Three Mile Island

Personne n'a oublié la pire catastrophe technologique survenue sur le sol des USA : L'accident à Three Mile Island (Pennsylvannie). Mais on ne se souvient peut-être pas que ce sinistre se produisit durant la mandature du président Jimmy Carter, et que celui-ci fut, avant son élection, un expert en physique nucléaire dans l'US Navy.

Les statistiques publiées aux Etats-Unis vers 1980 montraient que les indisponibilités des tranches électronucléaires étaient dues d'abord à la robinetterie.

En 1979, suite à une surpression dans un circuit, une soupape de décharge ne se referme pas, entraînant par effet cumulatif un défaut de refroidissement et un risque latent d'explosion de la centrale.

Jimmy Carter connaissait le danger des accidents nucléaires. En 1952, faisant suite à une fusion partielle du réacteur à Chalk River (Ontario, Canada), il fut en charge avec son équipe du désassemblage du réacteur. Chacun des Membres, dont lui-même, ne restèrent que quelques secondes chacun pour exécuter cette tache afin de minimiser l'exposition aux radiations.

Depuis 1969, travaillant sur les soupapes, j'étais attentif aux répercussions provoquées par cet accident car la fusion du coeur d'un réacteur nucléaire devenait possible par enchaînement de défaillances techniques et d'erreurs humaines.

John George Kemeny, connu pour avoir développé le langage BASIC en 1964 avec Thomas E. Kurtz au Collège Dartmouth (USA), présida la commission chargée d'enquêter sur l'accident TMI à la demande du président Carter.

Extrait du rapport de la commission d'experts désignée pour enquêter sur l'accident TMI (30 Octobre 1979)

Dans ce rapport très clair , on trouve par exemple :

> **Nine times before the TMI accident, PORVs stuck open at B&W plants. B&W did not inform its customers of theses failures, not did it highlight them in its own training program so that operators would be aware that such a failure causes a small-break LOCA (Loss-Of-Coolant Accident).**

La Commission a conclu que les preuves suggèraient que la NRC (Nuclear Regulatory Commission) de réglementation nucléaire a parfois penché davantage du côté de l'industrie plutôt que de remplir sa mission première qui était d'assurer la sécurité. Des précautions de sécurité inadéquates avaient été mises en place face à des conditions dangereuses.

Kemeny a regretté que la Commission n'ait pas recommandé un arrêt temporaire des permis de construction des réacteurs nucléaires. On doit être reconnaissant aux auteurs du rapport d'avoir écrit un document très clair, utile pour ceux qui eurent à travailler sur ce désastre.

Il était trop tôt pour alerter la communauté scientifique sur les dangers des soupapes ; notre voix n'aurait pas porté. Le brevet CETIM et la soutenance de thèse datant de 1984.

Il fallait expliquer et convaincre que de l'énergie doit être volontairement dégradée pour assurer la sécurité de fonctionnement des soupapes, d'où l'introduction du principe de pire action, qui a dû en effrayer plus d'un.

Puisque la France avait démissionné dans sa recherche de centrales nucléaires plus sûres, il fallait donc sortir de l'Hexagone et alerter plus largement la communauté internationale.

Le président Carter a donc été informé des récents développements dans cette partie de la physique restée dans l'ombre, et primordiale dans son application aux centrales thermiques. Il paraissait probable qu'il répondrait judicieusement.

On publie ici, pour information et examen, la lettre ouverte adressée au président Carter, ainsi que sa réponse.

Lettre ouverte à M. Jimmy Carter,
ancien Président des États-Unis d'Amérique

M. le Président,

Une série récente d'incidents laisse à penser que toute la lumière n'a pas été faite sur l'accident de Three Mile Island (TMI). Le rapport établi en Octobre 1979, à votre demande, pointait du doigt la maintenance du matériel et le manque de compétence des opérateurs.

Un fait essentiel, insuffisamment relevé, est que neuf fois avant que l'accident ne survienne, la pilot-operated relief valve (PORV) a été retrouvée coincée en position ouverte. Or, selon les normes internationales, une soupape de sécurité doit s'ouvrir lorsque les conditions l'exigent, et se refermer lorsque la pression dans le réservoir est revenue à sa valeur normale. La PORV ne suivait donc pas les normes, elle ne fonctionnait pas correctement. La cause de ces défaillances est à rechercher dans une partie inexplorée de la physique : celle où l'on doit dégrader massivement et rapidement de l'énergie.

Parce qu'au moment de l'accident, la physique du chaos était encore dans l'enfance, il n'était pas possible de déceler la cause initiale de cette catastrophe : le fonctionnement en régime chaotique de la PORV. Étant personnellement impliqué depuis longtemps dans le fonctionnement des soupapes, il m'appartient de souligner l'implication de cette soupape de sécurité dans le désastre et de proposer une solution salutaire.

Il serait inutile de revenir sur cet accident tragique, si mon propos n'était pas élargi à toutes les soupapes, et surtout à celles qui vibrent actuellement partout dans le monde.

Dans les incidents en centrale, on remarque que les soupapes de réglage ou de sûreté sont assez souvent mises en cause. Depuis des siècles, on cherche à en comprendre le fonctionnement.

Revenons donc un instant sur les phénomènes observés dans un simple robinet. Lors de l'ouverture, le fluide est mis en vitesse et possède donc une énergie cinétique qui se dégrade en aval. La puissance motrice contenue dans ce jet se dissipe dans l'atmosphère où elle est définitivement perdue. Les fluctuations observées, lorsque l'écoulement saute du régime laminaire au régime turbulent, suivent les lois du hasard et nous invitent à envisager l'écoulement turbulent comme une manifestation du chaos. De ces deux observations à la portée de tous, on note que la dissipation d'énergie et les instabilités sont des phénomènes qui accompagnent tous les écoulements.

Dans la plupart des installations, le fluide est confiné en aval dans une tuyauterie, il devient encore plus difficile de saisir la nature physique profonde des processus car d'autres phénomènes chaotiques apparaissent.

Les grandes différences de pression, existant entre les réservoirs en amont et en aval lors de l'ouverture d'une soupape de sécurité, mettent violemment le fluide en mouvement. Celui-ci possède une énergie cinétique considérable et donc une puissance motrice qui s'exprime en dizaines de mégawatts. Les écoulements traversent des zones chaotiques très dangereuses puis des structures supersoniques plus ou moins stables se forment. Le fluide dégrade l'énergie cinétique à sa guise en énergie thermique, mais aussi sous d'autres formes néfastes : énergie vibratoire, sonore, etc. L'installation peut en être sérieusement troublée.

Les structures supersoniques formées par des milliards de milliards de molécules auto-organisées sont appelées structures dissipatives, pour associer les deux idées d'ordre et de désordre. Ces structures ordonnées se nourrissent d'échanges d'énergie et de matière avec leur environnement, ce qui leur permet d'exister un certain temps avant de disparaître. Dans les soupapes, ces structures dissipatives ne sont pas les bienvenues ; on doit absolument éviter qu'elles se forment.

À TMI, les perturbations causées par le fluide se débarrassant de sa puissance motrice ont dû tellement secouer le clapet lors de son ouverture qu'il lui devenait mécaniquement impossible de se fermer. Dans d'autres situations où le clapet se referme, la soupape n'est souvent plus étanche à la fermeture.

Sans y prêter garde, on a laissé le chaos s'installer dans des dispositifs de sécurité dont le but est de protéger les populations, les installations et l'environnement. La dangerosité des écoulements incontrôlés dans les soupapes reste un sujet de préoccupation. Par exemple, l'agence de presse AFP signalait le fonctionnement aléatoire d'une vanne de vapeur sur une centrale nucléaire en France, en décembre 2012.

Une solution proactive consiste à déstructurer volontairement les écoulements supersoniques, dès leur apparition, afin que les molécules ne puissent pas s'agréger en structures dissipatives. Un désordre intense dans le monde microscopique peut ainsi être créé, on évite alors le chaos dans notre monde macroscopique. Le principe de pire action utilisé s'applique lorsque des puissances énormes sont à dégrader. Son instrument est le dégradateur d'énergie cinétique ou plus brièvement un Vistemboir.

À Three Mile Island, la physique a été cruelle envers le genre humain. Elle avait tenté de nous alerter mais nous n'écoutions pas. Aujourd'hui, la leçon a été entendue.

Sincères salutations.

Dr. Michel Pluviose
Professeur honoraire du CNAM

(Préventique-N⁰131-Septembre-Octobre 2013)

La réponse de l'ancien Président des USA

"Au Dr. Pluviose: Ceci est intéressant et de grande valeur. J'espère que vous partagerez cette expertise avec des techniciens toujours en activité.   Jimmy Carter"

La réponse, en quelques mots, de l'ancien président des États-Unis d'Amérique, prix Nobel de la paix, permit de mettre davantage l'accent sur la problématique des soupapes.

Mais serait-ce suffisant ?

20 L'ouragan issu du chaos

Une remarquable utilisation de la thermodynamique par la nature.

Les cyclones tropicaux, qui se forment durant la saison chaude, agissent comme des soupapes libérant la chaleur accumulée sous les tropiques. Ces phénomènes naturels, que l'on appelle aussi ouragans ou typhons, selon les bassins océaniques dans lesquels ils se produisent, désespèrent les populations et saccagent l'environnement.

Or, les soupapes de sécurité évacuent, elles aussi, de l'énergie et conduisent parfois à des accidents désastreux de portée souvent mondiale. Un même processus physique pouvant produire des phénomènes similaires à des échelles extrêmement différentes, on est conduit à penser que le chaos serait susceptible de se manifester aussi lors de la formation d'un ouragan.

Il existe de nombreuses autres analogies entre les écoulements confinés dans les centrales thermiques et les phénomènes naturels à ciel ouvert analysés par les spécialistes des sciences de la terre et des océans. Les phénomènes, dans les deux cas, sont soumis aux lois de la thermodynamique hors équilibre.

À partir du domaine de l'énergétique, ce texte va tenter de montrer, en particulier, qu'une tempête tropicale, soumise à des contraintes trop importantes, peut effectivement pénétrer dans le chaos avant de devenir un cyclone tropical tant redouté, qui se débarrasse de sa puissance motrice en semant la désolation sur les terres habitées.

La quantité d'énergie reçue du soleil n'est pas uniformément répartie sur la surface du globe terrestre. Il s'ensuit des déséquilibres qui forcent l'eau et l'air atmosphérique à se mettre en mouvement. Comme le notent les météorologues, l'élévation excessive de la température de surface des mers tropicales est la cause principale des agitations atmosphériques qui se produisent durant la saison chaude. Ce sont les lois de la thermodynamique que la nature exploite pour construire ces phénomènes qui se développent sur les océans.

La thermodynamique à l'équilibre est basée essentiellement sur les travaux de Sadi Carnot et de Rudolph Clausius, qui en ont établi les fondements.

La thermodynamique linéaire qui concerne les phénomènes près de l'équilibre s'applique pour les faibles vitesses du vent. Les phénomènes de transport transfèrent surtout de la chaleur, de la matière et de la quantité de mouvement. Le transport souvent sollicité en premier est la conduction thermique qui transfère de la chaleur, liée à l'agitation moléculaire, d'un endroit à un autre. On utilise des approximations linéaires dans ce domaine. Ces phénomènes de transport sont dissipatifs : l'entropie augmente. Puisqu'ils concernent les agitations dans le monde moléculaire, les lois qui les gèrent sont celles de la mécanique statistique.

Quand la différence de température devient un peu plus grande entre deux endroits, les mouvements de fluide deviennent très complexes. Le processus de transport est alors extrêmement difficile à analyser en détail. L'écoulement laminaire devenant assez brusquement turbulent complique encore davantage les analyses.

En s'écartant de l'équilibre, on pénètre de plus en plus dans la thermodynamique non-linéaire où des structures ordonnées apparaissent après le passage par des zones parfois chaotiques. Les théoriciens du chaos, dont le chef de file fut Henri Poincaré, et plus récemment Ilya Prigogine, ont remué la physique en mettant en cause le déterminisme dans les lois du mouvement. Ces structures auto-organisées souvent visibles qui naissent loin de l'équilibre sont les structures dissipatives de Prigogine, lesquelles associent les deux notions d'ordre et de gaspillage. Les rouleaux convectifs d'Henri Bénard en sont la démonstration la plus célèbre. Cette expérience de Bénard ouvre la voie, en particulier, aux cellules convectives de Hadley qui se développent autour du globe.

Dans cette zone éloignée de l'équilibre, des structures beaucoup plus dynamiques et stables émergent après passage par des bifurcations et des zones chaotiques : ce sont les ouragans. L'ordre dans la structure dissipative ouragan apparaît sous la forme d'un moteur thermique gigantesque qui utilise sa très forte puissance pour enfler démesurément. Cette puissance est issue de la libération de chaleur latente lors de la condensation de la vapeur d'eau en eau liquide. Ce monstre auto-organisé entrave la nécessaire dissipation d'énergie. L'ordre créé par la thermodynamique loin de l'équilibre devient alors beaucoup trop néfaste pour le genre humain.

La thermodynamique hors équilibre produit des phénomènes scientifiquement remarquables, mais humainement redoutables dans deux applications apparemment très éloignées mais pourtant proches : les ouragans et les soupapes.

On va tenter ici de rapprocher ces deux aspects d'un problème identique. Depuis l'énergétique, on émet un avis extérieur, sur la transformation d'une faible perturbation sur l'océan en un ouragan dévastateur. Les sciences, en particulier ici la météorologie et l'énergétique sont tellement imbriquées les unes dans les autres que l'énergétique doit à un météorologue : Edward Lorenz d'avoir mis en évidence une des premières manifestations du chaos dans l'atmosphère, avec son fameux effet papillon.effet papillon

Thermodynamique à l'équilibre : la centrale solaire et la machine idéale de Carnot

Un moyen pour convertir le rayonnement solaire en énergie mécanique est d'utiliser un cycle thermodynamique (Figure 1) en recueillant l'énergie solaire par des capteurs à faible concentration pour alimenter la source chaude.

Le circuit principal étanche est parcouru en circuit fermé par de l'eau (ou un fluide organique). À l'état liquide, le fluide est mis en pression par une pompe. Il change d'état dans l'évaporateur constituant la source chaude et se détend en phase gazeuse dans la turbine avant de se retrouver en phase liquide à la sortie du condenseur, source froide du cycle.

Un circuit primaire (non représenté), comprenant les capteurs solaires, apporte la chaleur nécessaire pour l'évaporation de l'eau du circuit principal. Un autre circuit évacue les calories de la source froide.

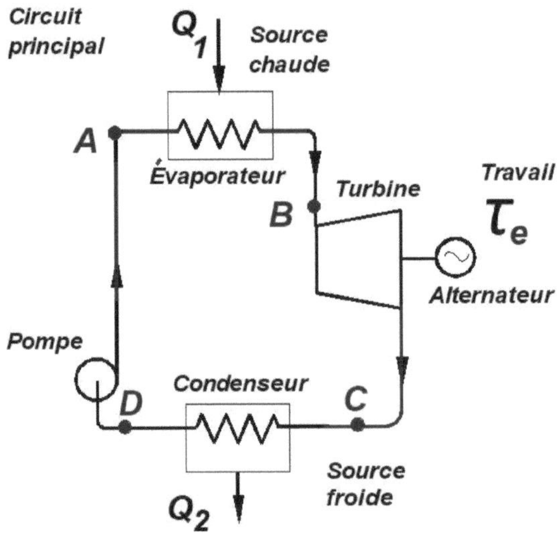

Figure 1 : *Centrale thermique solaire*

Nicolas Sadi Carnot cherchait à percer le mystère de la conversion de chaleur en travail dans les machines à vapeur de son époque. Il eut l'idée géniale de supprimer par la pensée toutes les irréversibilités qui en gênait la compréhension. Ses réflexions sont donc théoriques, néanmoins ses conclusions très générales sont utiles pour tout type de machine et pour tout fluide. La machine de Carnot est une vue de l'esprit qui en fait cependant une machine de référence pour toutes les autres machines thermiques, et donc pour la centrale thermique solaire en figure 1.

Le principe de Carnot stipule que :

"Partout où il existe une différence de température, il peut y avoir production de puissance motrice."

La conduction thermique est le transfert d'énergie cinétique lors de collisions moléculaires. Les molécules chaudes plus rapides communiquent de l'énergie aux molécules froides plus lentes. Le phénomène de transport par conduction agit ainsi par transfert d'énergie calorifique de proche en proche par l'intermédiaire des molécules regroupées en particules dans les milieux continus de notre échelle macroscopique. La conduction thermique s'effectue ainsi naturellement des zones chaudes vers les zones froides, conformément au postulat de Clausius, autre présentation du second principe de la thermodynamique, qui déclare que :

> ***"La chaleur ne peut pas passer, d'elle-même, d'un corps froid à un corps chaud."***

Déséquilibres dans le système Océan-Atmosphère

Les déséquilibres en température qui sont observés partout dans la nature sont soumis aux principes de la thermodynamique et aux phénomènes de transport.

Thermodynamique proche de l'équilibre - Conduction

C'est un domaine qui précède celui concernant les agitations créées par la nature sur l'océan ; c'est un passage obligé qui permettra de les traiter ultérieurement.

La thermodynamique de Carnot est en quelque sorte statique : elle concerne des situations en équilibre. Si ces situations évoluent, elles passent d'un équilibre à un autre théoriquement à vitesse presque nulle. Les irréversibilités ont donc pu être négligées ; mais nous devons maintenant en tenir compte.

Irréversibilités

Les transformations réelles, qui se produisent dans la nature sont toujours irréversibles. On peut les répertorier comme suit :

Irréversibilités des échanges calorifiques Une transformation ne peut être réversible que si elle s'effectue entre deux corps à températures infiniment voisines. Comme il n'existe pas de substance parfaitement conductrice, la transmission d'une quantité de chaleur donnée, d'un corps chaud vers un corps froid, exige un gradient de température fini, ce qui rend le phénomène irréversible puisque le processus inverse est impossible d'après le postulat de Clausius. Ce défaut ne provient que de la température seule: c'est une irréversible thermique.

Irréversibilités dues aux frottements Les frottements, lié à la viscosité, qui dégradent de l'énergie mécanique en chaleur sont une cause primordiale d'irréversibilités.

Irréversibilités dues aux phénomènes tourbillonnaires

Un tourbillon est un agent actif de la dégradation d'énergie dans la nature. Un tourbillon idéal ou vortex, comme celui étudié par Helmholtz ou par Kelvin, suit la loi des écoulements irrotationnels $RV = constante$. Il est constitué par des particules fluides décrivant des spirales autour d'un axe, animées d'une vitesse qui augmente donc au fur et à mesure qu'on se rapproche de l'axe où cette vitesse devient théoriquement infinie.

Puisque la notion d'infini issue des mathématiques n'existe pas en physique, un autre phénomène vient donc compléter le schéma précédent dans sa partie centrale. Un second tourbillon concentrique, tournant en bloc selon la loi des écoulements rotationnels $V = cte * R$, se forme à l'intérieur du vortex initial. Cet emboîtement de tourbillons concentriques est présent dans la nature et se manifeste dans les cyclones tropicaux de manière encore imparfaitement précisée mais très spectaculaire.

En théorie, c'est le tourbillon rotationnel interne qui permet la dégradation de l'énergie. Le tourbillon idéal externe transmet l'énergie sans la dissiper.

En pratique, il existe un abîme entre l'exposé théorique du tourbillon idéal irrotationnel ci-dessus et le tourbillon réel. Le tourbillon idéal théorique ne présente aucun intérêt pour ce qui nous occupe. C'est au contraire, parce qu'il s'écarte du type idéal irrotationnel que le tourbillon réel permet de dégrader de l'énergie.

Il peut être proposé d'adopter, en particulier pour les ouragans, une loi :

$$V\sqrt{R} = cte \tag{1}$$

plutôt que $RV = cte$, ce qui modifie profondément les propriétés théoriques des vortex et introduit des contraintes tangentielles visqueuses dans les écoulements en les rendant rotationnels, donc dissipatifs.

Thermodynamique plus loin de l'équilibre - Convection

Lors de déséquilibres importants en température dans l'atmosphère, le phénomène de conduction est rapidement obsolète et remplacé par des phénomènes de convection, accompagnés de transferts de masse, beaucoup plus dynamiques et complexes et encore insuffisamment élucidés. Les équations ne sont plus linéaires et contiennent alors les germes du chaos.

Déséquilibre en température entre l'équateur et les pôles

La différence de température entre l'équateur et les pôles, due au rayonnement solaire, crée un déséquilibre qui entraîne un mouvement général dans la couche atmosphérique, et dans une moindre mesure dans l'océan en ce qui nous concerne.

Des masses d'air se mettent en mouvement entre l'équateur et les pôles.

Ces déplacements ne s'opèrent pas selon des méridiens puisque l'effet Coriolis dû à la rotation de la terre les dévient. Cette force fictive agit profondément sur les masses en mouvement et les oblige à fragmenter le transfert par convection depuis la source chaude équatoriale jusqu'à la source froide polaire en trois étapes successives.

Structures dissipatives de Hadley

La seule étape qui nous intéresse concerne les cellules dites de Hadley qui naissent entre la latitude 0 (équateur) et les latitudes 30, zone dans laquelle les perturbations se manifestent. Elles forment des cylindres toriques et discontinus encerclant le globe terrestre.

Les régions équatoriales étant soumises à un intense rayonnement solaire, elles accumulent de la chaleur. Lors de la recherche de l'équilibre thermique de la planète par la nature, ce surcroît de chaleur provoque des mouvements complexes, qui font l'objet de beaucoup d'attention de la part des météorologues.

Les mouvements des masses d'eau et d'air dans l'atmosphère sont d'abord soumis aux phénomènes de transport de matière (diffusion moléculaire), d'énergie (conduction thermique) et de quantité de mouvement (viscosité), de nature statistique qui permettent de relier le monde microscopique à notre monde macroscopique.

Ces mouvements sont régis par les équations de Navier-Stokes et de Reynolds.   La complexité des phénomènes rend leur résolution inextricable.   D'ailleurs, utilisant la loi de viscosité de Stokes reliant linéairement le champ de contraintes au champ de vitesses, leur domaine de validité est naturellement limité aux phénomènes proches de l'équilibre, dans le domaine linéaire de la thermodynamique. Par les termes non-linéaires qu'elles contiennent, ces relations conduisent au chaos.

En thermodynamique hors équilibre, la convection thermique est le processus essentiel qui transporte l'énergie thermique.   Sans cesse, des courants de convection apparaissent dans l'atmosphère ; ils sont dus essentiellement aux différences de température en fonction de l'altitude.

La circulation générale de l'atmosphère est d'une complexité effroyable. La localisation des phénomènes, leur comportement, leur durée de vie, etc. sont particulièrement difficiles à appréhender. Néanmoins, les progrès en modélisations numériques et statistiques ainsi que les observations spatiales permettent aux météorologues de mieux approcher l'ensemble des phénomènes et d'améliorer les prévisions.

Les premiers observateurs des curiosités des courants et des vents océaniques furent évidemment les marins qui, dès le 15 ème siècle, constatant que les vents faisaient une boucle en tournant vers la droite dans l'Atlantique Nord, avaient déjà eu l'intuition d'un mouvement inverse, vers la gauche en arrivant dans l'Atlantique Sud, nous rappelle la navigatrice Isabelle Autissier.   Sur la route des Indes, ils se laissaient ainsi porter vers le Brésil, par les alizés, puis ramener vers le cap de Bonne Espérance pour pénétrer dans l'océan Indien. Christophe Colomb fut le premier à utiliser les vents réguliers que sont les alizés pour laisser glisser sa flotille vers le Nouveau Monde.

Le mécanisme des vents alizés découvert par les marins, fut envisagé sommairement dès 1686 par Edmund Halley et décrit en 1735 par George Hadley.

Pour Hadley, la région équatoriale étant plus ensoleillée que les pôles, des vents réguliers devaient transporter de la chaleur depuis l'équateur vers ces pôles. L'air devenu froid et lourd dans les régions polaires redescendait et reprenait alors en surface le trajet vers l'équateur pour fermer le cycle et en recommencer un nouveau. Tenant compte de la rotation de la Terre bien avant Coriolis, il expliqua ainsi les alizés.

Si la Terre n'était pas en rotation, ce transfert de chaleur serait effectué par une seule cellule de convection. Mais l'effet Coriolis dû à la rotation de la terre dévie toute particule en mouvement. Cependant cet effet dévie trop les vents et ce sont finalement trois cellules qui se forment entre l'équateur et les pôles pour transférer la chaleur.

Seules les cellules de Hadley se situant entre l'équateur et les latitudes 30 sont utiles pour notre propos relatif aux ouragans ; on les décrit ici brièvement.

Près de l'équateur, l'air chaud s'élève dans l'atmosphère, en créant une dépression à la surface de l'océan. Un afflux d'air moins chaud issu des tropiques s'engouffre alors dans la zone à plus faible pression créée en se chargeant en humidité au contact de la surface de l'océan. Il existe ainsi une zone dépressionnaire près de l'équateur et une zone de plus haute pression près dans les zones tropicales.

Le courant d'air permanent venant des latitudes tropicales et se dirigeant vers l'équateur ne se déplace pas selon une méridienne ; il est dévié par l'effet Coriolis qui joue un rôle essentiel dans l'écoulement atmosphérique horizontal. Ces courants d'air déroutés qui occupent les basses couches atmosphériques sont les vents alizés qui s'inclinent vers l'équateur.

Alors que les masses d'air sont déviées vers leur droite dans l'hémisphère Nord, elles s'incurvent vers leur gauche dans l'hémisphère Sud. Ce qui entraîne un bouleversement complet dans la formation des vents et le sens de rotation des cyclones tropicaux lorsqu'on franchit la zone équatoriale.

La zone de convergence intertropicale (ZCIT)

Les alizés venant du Nord-Est dans l'hémisphère Nord et ceux venant du Sud-Est dans l'hémisphère Sud convergent l'un vers l'autre et forcent l'air chaud et humide à s'élever. Une bande nuageuse de quelques centaines de kilomètres de largeur se forme tout autour du globe ; c'est la Zone de Convergence Intertropicale (ZCIT) nettement visible sur les images satellitaires.

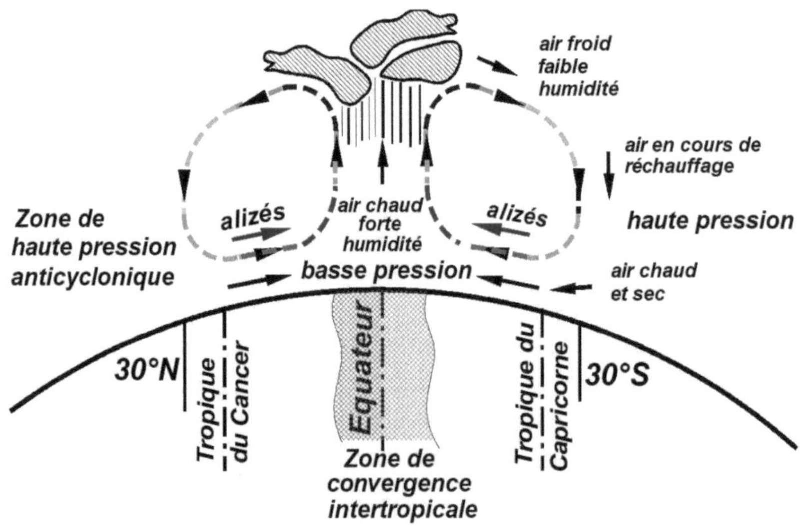

Figure 2 :   *Cellules de Hadley et vents alizés*

Une forte instabilité atmosphérique règne dans cette zone constituée d'un amoncellement impressionnant de nuages, envahissant toute l'épaisseur de l'atmosphère.

Lors de son ascension, l'air chaud et humide se refroidit

brusquement et sa condensation entraîne des pluies diluviennes (figure 2).

À la tropopause, donc vers 15 km d'altitude, les masses d'air ont perdu une grande partie de leur humidité sous forme de précipitations. Elles s'échappent ensuite vers les tropiques poussées par les masses d'air successives.

En s'éloignant de l'équateur, les masses d'air à faible humiditémonde sont soumises à l'effet Coriolis qui les dévient vers l'Est de leur parcours dans l'hémisphère Nord en formant les contre-alizés. Se déplaçant vers les pôles, l'air se refroidit par échange avec l'environnement, et il commence alors à redescendre vers les latitudes 30 où il retrouve la zone anticyclonique. L'air se réchauffe alors et son humidité relative diminue.

Pour compléter la cellule de Hadley, l'air venant de l'anticyclone se redirige vers l'équateur et l'effet Coriolis transforme à nouveau ces vents en alizés.

L'air ainsi aspiré se charge d'humidité pendant son trajet au-dessus des eaux chaudes tropicales de manière complexe car les phénomènes de transport non-linéaires entraînent des effets croisés très délicats à prendre en compte.

Du fait des directions différentes des alizés et des contre-alizés, l'écoulement de l'air humide est donc vrillé à l'intérieur des cellules de Hadley. Ces cellules sont par ailleurs multiples autour de la Terre.

Même si les cellules de Hadley sont beaucoup plus compliquées à analyser que les cellules de Bénard, il y a une évidente analogie entre ces deux phénomènes.

Très loin de l'équilibre initial : la structure dissipative ouragan

Déséquilibre entre la température de surface des mers tropicales et celle en altitude - dépressions tropicales, tempêtes tropicales, ouragans

Ce déséquilibre permet l'émergence de dépressions tropicales aléatoires qui peuvent apparaître ici ou là sur l'océan. Ces faibles dépressions initiales sont susceptibles de devenir ou non d'abord des tempêtes tropicales puis éventuellement des ouragans selon les conditions rencontrées par ces phénomènes lors de leurs déplacements. On retrouve ici la signature du chaos, c'est-à-dire une sensibilité aux conditions initiales.

Des conditions initiales presque identiques peuvent conduire ou non à des phénomènes d'ampleur complètement différente.

Les ouragans peuvent survenir dans la même zone que les cellules de Hadley avec lesquelles elles interfèrent de manière complexe.

Les cellules de Hadley s'enroulent plus ou moins parallèlement aux latitudes en formant des structures toriques le long de la ZCIT. Elles permettent de véhiculer, plus rapidement que par les courants marins, la chaleur des zones bénéficiaires en énergie solaire vers celles qui sont déficitaires. Cependant, les vitesses atteintes sont apparemment trop faibles pour transporter le supplément d'énergie produit par le soleil ardent de la saison chaude.

Un autre mécanisme beaucoup plus dynamique se met alors en place localement pour dissiper le supplément d'énergie : le cyclone tropical ou ouragan. Celui-ci s'ajoute et interfère de manière très complexe avec les cellules de Hadley. Puisque ces deux phénomènes se manifestent dans les mêmes zones géographiques et qu'ils sont complémentaires, il devrait exister un lien qui les unit.

Mais comment expliquer qu'une cellule torique à axe horizontal se transforme en une perturbation générant d'abord une dépression tropicale à développement vertical, laquelle sera susceptible d'évoluer vers une tempête tropicale puis éventuellement vers un ouragan ? On peut penser que les germes d'une dépression tropicale sont à rechercher dans des cellules de Hadley déstructurées et rabougries.

Par ailleurs, de nombreuses théories ont été émises pour expliquer les bandes de nuages disposées en spirale autour du mur de l'œil (Figure 5). On admettra ici, à défaut d'en savoir plus, que des cellules convectives se lovent autour du mur de l'oeil qui les entraînent en rotation.

La nature, qui n'est pas tenue de suivre tous nos raisonnements, n'a pas fini de nous surprendre !

À la longue liste des disciplines scientifiques impliquées dans la compréhension des ouragans : mécanique des fluides, dynamique des fluides en rotation, dynamique des écoulements stratifiés, convection, interaction air-océan, etc., on ajoute ici la théorie du chaos car la nature aura poussé un système météorologique trop loin de l'équilibre.

On dispose heureusement de nombreuses informations sur la structure et les mécanismes d'action d'un ouragan. Les nombreux travaux effectués par les spécialistes du climat, dont tous n'ont évidemment pu être rappelés dans la bibliographie, sont aussi une aide précieuse.

Dans les systèmes dynamiques, les effets non-linéaires vont amplifier une petite fluctuation avec le temps.   Une petite perturbation aléatoire croît considérablement et rend la prévision hasardeuse ou impossible. En météorologie, cette dépendance aux conditions initiales, signature du chaos, fut mis en évidence par Henri Poincaré (1908) et Edward Lorenz (1962).

Conditions de formation des ouragans

Les ouragans se forment dans les Tropiques à proximité de la zone de convergence intertropicale (ZCIT) à la saison chaude et les conditions principales rappelées ci-dessous sont nécessaires pour qu'ils surviennent :

• la température de l'océan dépasse 26°C, sur quelques dizaines de mètres de profondeur, faisant office de réservoir d'énergie thermique,

• une forte évaporation, accompagnée de nuages en abondance dans l'atmosphère terrestre jusqu'à la limite de la troposphère (environ 12 km) entraînant une dépression tropicale,

• des vents homogènes depuis la surface de l'océan jusqu'à 12 à 15 km d'altitude,

• une latitude supérieure à 5 degrés afin que l'effet Coriolis puisse se manifester. Cet effet dû à la rotation de la terre ne crée pas le vent ; il ne fait que dévier un vent qui existe déjà. Il le dévie vers l'est dans l'hémisphère nord.

C'est donc dans les zones tropicales, vers 5 à 8 degrés de latitude, où les conditions précédentes sont réunies, que les ouragans sont susceptibles de se former. Le système ouragan ainsi installé pourra fonctionner et s'entretenir tant que sa réserve d'eau chaude à vaporiser sera suffisante.

Coupé de sa réserve d'eau chaude, un ouragan s'affaiblit. C'est ainsi qu'il commence à s'éteindre dès qu'il touche le sol et qu'il disparait complètement après avoir parcouru une distance suffisante au-dessus des terres en y semant son lot de calamités.

Un ouragan ne se forme pas systématiquement mais pour qu'il puisse se former il est nécessaire que les conditions ci-dessus soient remplies.

Formation d'un ouragan

L'ouragan se crée sur les océans d'où il tire l'énergie et la matière pour sa création et son entretien car il lui faut une énorme quantité d'eau pour pouvoir se développer.

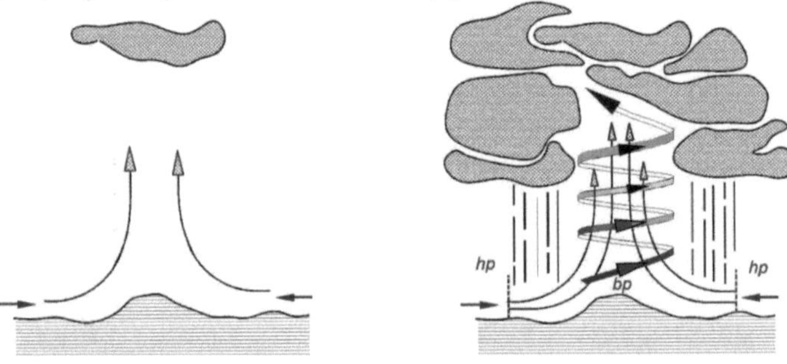

V vent ≤ 62 km/h   *63 km/h ≤ V vent ≤ 116 km/h*

Figure 3 - *Dépression tropicale*   **Figure 4** - *Tempête tropicale*

Une **dépression tropicale** est une perturbation localisée avec un centre dépressionnaire (Figure 3). La vitesse moyenne des vents moyens est inférieure à 62 km/h. Il n'est pas possible de connaître l'évolution d'une dépression tropicale. La dépression fait converger les vents ; ceux-ci se réchauffent au contact de la surface de l'océan et tendent donc à s'élever dans l'atmosphère. Cet air ascendant chaud et humide provoque la formation d'une masse de nuages en altitude.

Une **tempête tropicale** est un phénomène plus violent caractérisé par des vitesses de vents plus importantes. Son diamètre atteint plusieurs centaines de kilomètres. Des masses d'air chaud chargées en humidité provoquent la formation de nuages en altitude, situation propice à des précipitations intenses et au développement d'orages.

En inclinant les trajectoires des masses d'air lors de leur trajet vers les zones en dépression, l'effet Coriolis permet à celles-ci de se transformer en un tourbillon massif. Le vortex créé par cette rotation engendre de grandes vitesses de vents (Figure 4).

Ce qui était tempête tropicale pourrait devenir, en fin d'été sous l'effet du soleil ardent, un ouragan. Le système passe par une bifurcation, puis vraisemblablement par une zone chaotique plus ou moins marquée avant de se stabiliser dans une autre configuration très différente et beaucoup plus ordonnée : l'œil de l'ouragan, son mur et ses structures nuageuses en spirale (Figure 5).

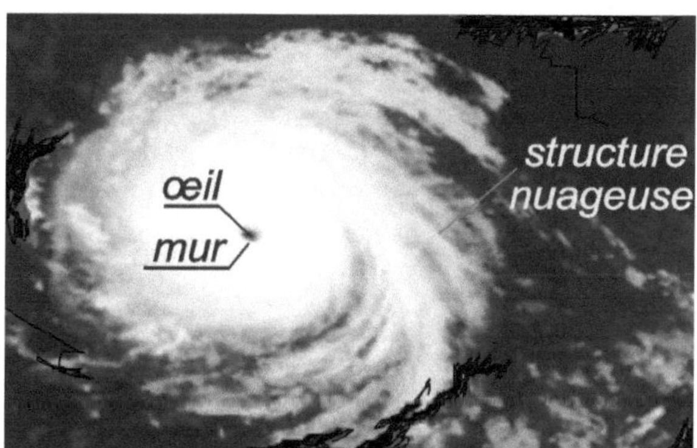

Figure 5 :   *Vue d'un ouragan depuis l'espace*

L'échelle de Saffir-Simpson classe les phénomènes selon les vitesses du vent :

Tempête tropicale : La dépression tropicale s'est formée et s'intensifie. Les vents vont de 63 à 116 km/h.

Ouragan de catégorie 1-2-3-4 :

Les vents vont s'amplifiant de 117 km/h à 249 km/h selon la catégorie.

Ouragan de catégorie 5:

La vitesse des vents est supérieure à 249 km/h.

Apparition d'ordre : L'œil et le mur de l'ouragan.

Lorsque les conditions permettent à la dépression tropicale d'évoluer vers un ouragan, le centre du système apparaît plus nettement sous forme d'un œil presque circulaire, dont le diamètre est de l'ordre de 20 à 40 kms. Cette zone, où règne un calme apparent, est dépourvue de nuages ce qui permet de la distinguer depuis l'espace.

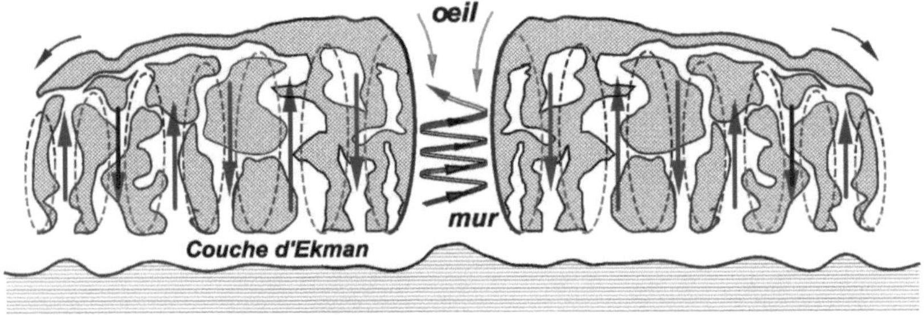

Figure 6 : *Cyclone tropical à maturité (ouragan, typhon)*

Les observations faites depuis des satellites et certaines mesures effectuées par des avions de reconnaissance, mais aussi des considérations théoriques permettent une représentation schématique d'un ouragan (Fig 6).

L'œil est une région où la pression est la plus basse ; il est ceinturé par des cumulonimbus dont le sommet atteint 12 à 15 km d'altitude. Ce mur de nuages produit les effets les plus dévastateurs : les vents peuvent y souffler jusqu'à 300 km/h et les pluies y sont diluviennes.

Dès qu'il touche la terre ferme, l'ouragan est coupé de son alimentation : l'eau de l'océan. Cette structure dissipative faiblit car elle n'est plus alimentée en matière et énergie. Son extinction débute alors.

Diagramme de bifurcation d'un ouragan

Quand le système tempête tropicale est poussé au-delà d'un seuil critique, il sort de son état entièrement dissipatif pour bifurquer vers un état d'auto-organisation hautement structuré au comportement plus stable : l'ouragan.

Un des aspects de la thermodynamique loin de l'équilibre est sa capacité à engendrer des systèmes auto-organisés (Fig 6). L'ouragan est une véritable organisation spatiale du système initial tempête tropicale et c'est le cas le plus grandiose d'un réarrangement moléculaire. Un tel degré d'ordre émanant de l'activité de milliards de milliards de molécules peut paraître invraisemblable et montre que bien des mystères, cachés par la nature, restent encore à éclaircir.

Loin de l'équilibre naissent des structures nouvelles. L'émergence de l'ordre après les phénomènes de chaos est la règle plutôt que l'exception. L'ordre et le désordre sont mystérieusement entremêlés dans la structure dissipative ouragan car des systèmes complexes peuvent engendrer simultanément du désordre et des îlots d'ordre à l'intérieur du désordre (Figure 6). Un ordre subtil existe dans le désordre du monde non-linéaire.

Quand un ouragan s'auto-organise, l'entropie de la partie ordonnée décroît (Figure 7).

L'ouragan issu du chaos

Déséquilibrée durant les mois d'été, par une différence de température trop importante entre la surface de l'océan et la limite de la troposphère, une tempête tropicale, dans laquelle règne du désordre, se transforme radicalement en une structure ouragan très ordonnée après être passée par une bifurcation et une zone plus ou moins chaotique. Un ouragan est une structure dissipative qui échange de la matière et de l'énergie avec les eaux des mers tropicales. Elle est composée d'ordre et de désordre. L'auto-organisation d'un ouragan se manifeste par son œil presque parfaitement circulaire bord par le mur de l'œil.

La structure dissipative ouragan fonctionne comme un moteur

thermique à ciel ouvert. L'ouragan puise son carburant dans le réservoir de chaleur formé par les premières couches de l'océan : source chaude du cycle. L'ouragan restitue une quantité de chaleur à la source froide des hautes altitudes.

L'énergie motrice issue du cycle thermodynamique ouragan est utilisée par celui-ci pour pomper davantage de carburant à sa source chaude et enfler ainsi dans des proportions inquiétantes. On notera qu'une tempête tropicale ne possède pas la capacité de créer de l'énergie motrice. C'est l'ordre apparu lors de l'autoformation de l'ouragan qui engendre le moteur thermique.

L'entropie d'une partie du système météorologique décroît lors de la transformation d'une tempête tropicale en ouragan. Selon la théorie de l'information de Claude E. Shannon, l'entropie mesure la perte d'information par un système. A contrario, un système recevant des informations s'ordonne et son entropie diminue donc. Lorsque le système météorologique s'est auto-organisé en ouragan, il a reçu des informations sur l'état de la mer, transmises par l'intelligence collective du système moléculaire. Les phénomènes de convection conduisent à une organisation spatiale monumentale munie d'une régulation entretenue par les corrélations entre les molécules.

Paramètre de contrôle d'un ouragan

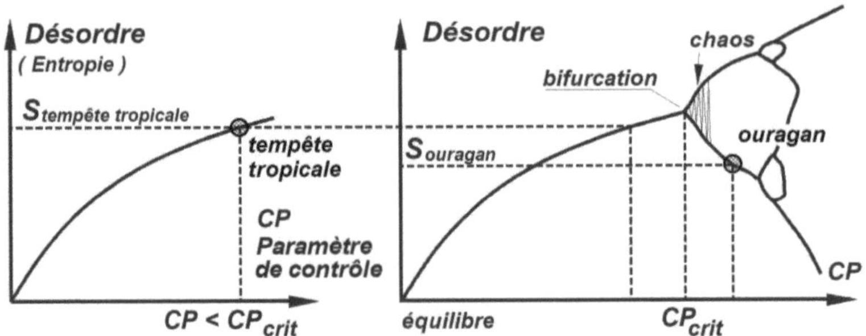

Fig.7 : *Création d'ordre due à la formation d'un ouragan*

C'est parce qu'une contrainte extérieure, prise en compte par un paramètre de contrôle, a été appliquée qu'une structure macroscopique nouvelle peut apparaître dans ce système loin de l'équilibre. Ici, cette contrainte est essentiellement due au gradient de température, mais elle est aussi modulée par d'autres paramètres tels que la position du phénomène par rapport à l'anticyclone, le cisaillement des vents, etc. (Figure 7)

Le paramètre de contrôle *CP* est analogue au nombre de Rayleigh des thermiciens basé sur les différences de température, il pourrait aussi être remplacé, en première approximation par le critère de Saffir-Simpson, lui aussi relié par l'intermédiaire des vitesses du vent aux différences de températures.

Cycle thermodynamique simplifié d'un ouragan

Une masse de fluide, dans son parcours à l'intérieur d'un ouragan, effectue un trajet complexe dans lequel se détachent cependant nettement ses contacts avec l'océan d'une part et avec la troposphère d'autre part.   L'analyse reste particulièrement délicate ; chaque masse de fluide étant sujette à des conditions et des parcours différents. Cependant, comme dans le cas d'une centrale thermodynamique solaire, le cycle d'un ouragan peut se décomposer sommairement en quatre évolutions (Fig. 8 et 9).

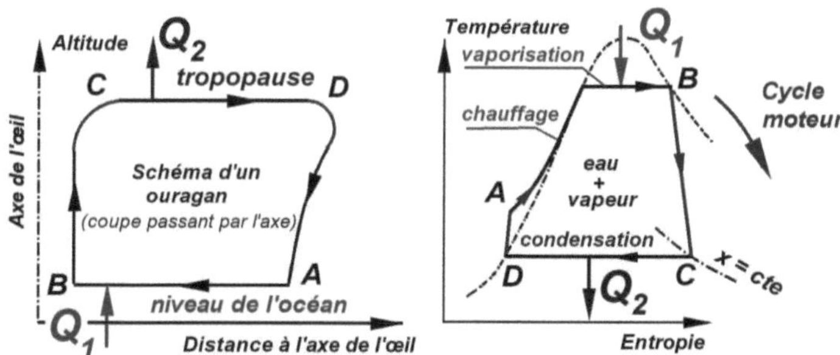

Fig.8 : *Coupe d'un*   **Fig.9** : *Diagramme entropique*
 ouragan   *d'une centrale solaire*

Évolution isotherme AB : Immédiatement au-dessus de la surface de la mer, l'air circule vers l'œil dans la couche d'Ekman dont l'épaisseur est d'environ 1,5 km. Les échanges air-mer sont intenses dans cette zone et délicats à modéliser du fait d'effets non-linéaires dus aux phénomènes de transport. L'air se charge en humidité. Une masse fluide entraînée dans un ouragan peut être assimilée en première approximation à un mélange de deux gaz : l'air et la vapeur d'eau de mer. L'air soutire de l'humidité par évaporation de la surface de l'océan. L'énergie calorifique Q_1 est ainsi transmise au fluide parcourant le cycle sous forme de chaleur latente de vaporisation. La source d'énergie des ouragans est le transfert d'énergie de l'océan comme l'avaient découvert Riehl et Kleinschmidt.

Évolution BC : Le courant ascendant forme une paroi verticale de nuages tournoyant en spirale autour de l'œil. L'air humide se refroidit au cours de l'ascension, la vapeur d'eau se condense et retourne à l'océan sous forme de pluies torrentielles. La chaleur latente est ainsi libérée et participe au réchauffage de l'air qui continue donc à s'élever en aspirant le mélange des basses couches et en amplifiant donc les échanges air-mer. Au cours de ce processus, de l'énergie calorifique se transforme en énergie cinétique de rotation. Cette phase est analogue à celle *BC* d'une centrale thermique classique (Fig. 9) Lors de la détente *BC* dans la turbine d'une turbomachine, de l'énergie calorifique est d'abord transformée en énergie cinétique de rotation avant d'être à nouveau transformée en énergie mécanique par l'intermédiaire d'aubages.

Évolution isotherme CD : À une altitude supérieure à 10 kms, l'air s'éloigne du centre. Au contact avec la tropopause, l'évolution est isotherme. Le cycle cède la quantité de chaleur Q_2 à l'environnement sous forme de radiation vers la stratosphère.

Évolution DA : L'air redescend le long de la partie extérieure de l'ouragan et referme le cycle.

Analyse du cycle d'un ouragan

Échangeant de l'énergie thermique avec deux sources à température constante, la machine thermique "ouragan " est proche d'une machine thermique classique telle la centrale thermique solaire (Fig.1). Il sera suffisant ici de dire que c'est une machine thermique effectuant un cycle moteur, c'est-à-dire produisant du travail à l'extérieur qu'elle réutilise à ses propres fins pour grossir davantage.

La nature a ainsi créé un système thermodynamique semblable en beaucoup de points à une centrale thermique avec un rendement positif car de l'ordre est apparu.

De la même manière qu'une machine thermique classique, comme une centrale solaire, l'ouragan fournit du travail à l'extérieur lorsqu'il dévaste les contrées qu'il rencontre ou quand il utilise sa propre puissance motrice en mer pour enfler et amplifier ses capacités destructrices. Comme cherchent à le faire toutes les structures dissipatives, dans d'autres domaines, qui veulent atteindre une trop grande prospérité avant de s'écrouler.

L'ouragan est doté par la nature d'une boucle d'asservissement qui gère les informations. Cette régulation maintient l'ordre dans l'ouragan et entraîne une diminution locale d'entropie. Un ouragan parvient à fournir de l'énergie motrice dès qu'il atteint son régime d'autonomie, comme les autres machines thermiques.

Une journée d'été sur l'océan Atlantique Nord

> **Entre les peuples comme parmi les individus, le plus industrieux sera toujours le plus libre.**
>
> Grégoire[a], fondateur du CNAM
>
> Rapport à la Convention nationale sur l'établissement du Conservatoire National des Arts et Métiers.
>
> (Séance du 8 vendémière an 3)
> 29 septembre 1794
>
> ---
> [a]L'abbé Grégoire est entré au Panthéon en 1989

21 Et si on affaiblissait un ouragan ?

Ces manifestions météorologiques redoutables produites sur l'océan, que l'on appelle ouragans dans l'hémisphère nord, se déploient sur plusieurs centaines de kilomètres en générant des vents avoisinants les 300 km/h. Ces cyclones extrêmement violents et dévastateurs sont observés minutieusement et on peut maintenant prédire plus ou moins leur trajectoire à court terme. Un appel à une évacuation de millions de personnes est parfois nécessaire ; cet exode massif provoque un désarroi monstre et des situations catastrophiques. Des centaines de milliers de personnes se mettent à l'abri par leurs propres moyens.

Les dégâts sont considérables.

Que peut-on faire ? Rien, nous dit-on, de toutes parts.
N'y aurait-t-il pas, au moins, une amorce de solution ?

Reprenons le problème à la base, sans a priori.

Et d'abord quelques informations chiffrées, concernant les ouragans de l'océan Atlantique nord, qui nous serviront de fil directeur.

Le *"Grand Ouragan"* de 1780, en pleine guerre d'indépendance des USA, fut le plus dévastateur de l'histoire. De 20.000 à 30.000 personnes y perdirent la vie. Les ouragans, de nos jours sont peut-être moins meurtriers car les systèmes de surveillance, d'alerte et de prévention se sont considérablement développés, mais ils entraînent des dommages matériels énormes.

Pour les seuls USA, la moyenne annuelle des dégâts depuis le début du XXI ème siècle se chiffre à 40 billions US dollars/an soit 35 milliards d'euros/an.

Les ouragans de l'année 2017 ont été particulièrement actifs. Les dégâts causés sont officiellement estimés à plus de 300 billions US dollars par le gouvernement des États-Unis (environ 250 milliards d'euros).

Pour comparaison :

- budget (partie recettes) de la France : 300 milliards d'euros,

- Coût d'une centrale de production d'électricité de 1000 MW : de 1,5 à 4 miliards d'euros (selon les sources)

Ces chiffres interpellent. Le coût des désastres dus aux ouragans pour 2017 et pour les seuls USA correspond donc, en gros, au prix de 60 centrales de 1000 MW, ce qui représente la totalité du parc électronucléaire français.

On annonce que la puissance d'un ouragan serait équivalente à celle fournie par des centaines de centrales électriques de forte puissance (on parle de 400 centrales de 1000 MW fonctionnant au régime nominal).

Avec le réchauffement climatique constaté, on doit s'interroger sur une possible augmentation de la fréquence des cyclones. Certains prédisent que ces phénomènes seront de plus en plus violents.

****

Il est venu le temps de se poser cette question relative aux ouragans : les sommes colossales dépensées chaque année pour la réparation des dommages créés ne pourraient-elles pas être avantageusement affectées au contrôle de ces ouragans afin de diminuer leur agressivité ?

Les travaux entrepris, à ce jour, pour lutter contre les cyclones tropicaux devenus ouragans n'ont pas été concluants car ils n'ont pas pu établir un rapport de force suffisant vis à vis d'eux pour être efficaces. Certains de ces projets auraient mérité de ne pas être abandonnés trop rapidement.

La ténacité en matière de recherches est une vertu !

Citons quelques unes de ces tentatives :

- Dispersion de produits chimiques dans les nuages,
- Pose d'entonnoirs géants dans l'océan pour refroidir l'eau en déviant les courants d'eau chaude,
- Projection de glace carbonique,
- Ensemencement des nuages avec de l'iodure d'argent,
- Lâcher d'une bombe nucléaire dans l'ouragan: no comment !
- Traversée de l'ouragan par des avions supersoniques,
- Refroidissement des eaux par de l'azote,
- Utilisation de très grandes pompes sous-marines,
- Traitement au laser - diffusion de micro-ondes,
- etc.

Ce qu'on en pense .... en vrac

Ces scientifiques rêveurs ont tout essayé pour éradiquer les cyclones.

Il s'agit de phénomènes météos tellement puissants que toute action directe est impossible.

Il est illusoire de vouloir stopper
un cyclone tropical qui s'est déjà formé :
l'énergie en jeu est trop énorme !

Cependant, d'**autres professeurs, que l'on peut qualifier de doux rêveurs**, ou d'**inventeurs à la marge**, continuent à vouloir attaquer les cyclones à la racine.

On retrouve des essais farfelus mais pensés au départ comme des projets très sérieux.

Dévier la trajectoire de ces monstres paraît tout aussi problématique.

En revanche, plusieurs brevets proposent de prévenir leur formation, en pompant l'eau froide des profondeurs vers la surface des océans. Seulement voilà...Éliminer les cyclones exigerait de refroidir de manière très significative les tropiques, ce qui aurait en plus, des conséquences sur le climat mondial...

La seule chose qu'il reste à faire est de se barricader.

Bref, les gouvernements semblent avoir abandonné toute idée de résolution du problème pour ne privilégier que l'observation et la prévention.

Dans ce contexte morose entretenu par des commentaires désespérants, une solution peut cependant être proposée et soumise à la critique. La tâche paraît gigantesque, pharaonique, certains la qualifieront d'utopique. Avançons !

Ce projet est plus modeste que ceux cités précédemment car il ne cherche pas à détruire un ouragan, il se fixe comme objectif principal de le faire sortir de la zone chaotique dans laquelle il avait pénétré pour le rétrograder en tempête tropicale.

Conditions d'apparition d'un ouragan

Un ouragan, rappelons-le, se forme lorsque les conditions principales suivantes sont réunies :

• la température de l'océan dépasse 26°C, sur quelques dizaines de mètres de profondeur, formant une réserve calorifique importante dont la vaporisation permettra la formation et l'entretien de l'ouragan,

• une forte évaporation, accompagnée de nuages en abondance dans l'atmosphère terrestre jusqu'à la limite de la troposphère (environ 12 km) entraînant une dépression tropicale,

• des vents homogènes depuis la surface de l'océan jusqu'à 12 à 15 km d'altitude,

• une latitude supérieure à 5 degrés afin que l'effet Coriolis puisse se manifester. Cet effet du à la rotation de la terre ne crée pas le vent ; il ne fait que dévier un vent qui existe déjà. Il le dévie vers l'est dans l'hémiphère nord.

C'est donc dans les zones tropicales, vers 5 à 8 degrés de latitude, où les conditions précédentes sont réunies, que les ouragans sont susceptibles de se former. Le système ouragan ainsi installé pourra fonctionner et s'entretenir tant que sa réserve d'eau chaude à vaporiser sera suffisante.

Coupé de sa réserve d'eau chaude, un ouragan s'affaiblit. C'est ainsi qu'il commence à s'éteindre dès qu'il touche le sol et qu'il disparait complètement après avoir parcouru une distance suffisante au-dessus des terres en y semant son lot de calamités.

Les ouragans dans la circulation générale atmophérique

La différence de température entre l'équateur et les pôles, due au rayonnement solaire, crée un déséquilibre qui entraîne un mouvement général dans la couche atmophérique.

Des masses d'air se mettent en mouvement entre l'équateur et les pôles ; ce phénomène de transport permet l'équilibre thermique de la planète.

Ces déplacements ne s'opèrent pas selon des méridiens puisque l'effet Coriolis les dévient, et les dévient tellement que le transfert par convection depuis la source chaude équatoriale jusqu'à la source froide polaire s'effectue par étapes successives.

L'étape qui nous intéresse ici est celle qui se développe à partir de l'équateur jusqu'aux latitudes 30 degrés, dans laquelle apparaissent les cellules de Hadley . C'est dans cette zone que les ouragans se forment et participent, au même titre que les cellules de Hadley avec lesquelles elles interfèrent, à la libération de l'excédent de chaleur accumulé dans les régions équatoriales. Ce sont des soupapes de sécurité atmosphériques.

Derrière le chaos : l'ouragan

Déséquilibrée, durant les mois d'été, par une différence de température trop importante entre la surface de l'océan et la limite de la troposphère, une tempête tropicale, dans laquelle règne du désordre, se transforme radicalement en une structure ouragan très ordonnée après être passée par une bifurcation et une zone chaotique. Un ouragan est une structure dissipative qui échange de la matière et de l'énergie avec les eaux des mers tropicales. Elle est composée d'ordre et de désordre. L'auto-organisation d'un ouragan est manifeste : son œil est presque parfaitement circulaire et le mur de l'œil a les aspects d'un cône.

L'ouragan : un moteur thermique

L'ouragan est une manifestation du chaos, mais il y a encore pire : la structure dissipative ouragan fonctionne comme un moteur thermique à ciel ouvert. Il puise son carburant dans le réservoir de chaleur formé par les premières couches de l'océan : source chaude du cycle.

L'énergie motrice issue du cycle thermodynamique ouragan est utilisée par celui-ci pour pomper davantage de carburant à sa source chaude et enfler ainsi dans des proportions inquiétantes.

On notera qu'une tempête tropicale ne possède pas la capacité de créer de l'énergie motrice. C'est l'ordre apparu lors de l'autoformation de l'ouragan qui engendre le moteur thermique.

Sous le seul aspect scientifique, cette organisation est remarquable mais humainement parlant cet ouragan est redoutable.

Tentative pour affaiblir un ouragan[1]

> *Procédé destiné à refroidir l'eau de surface de l'océan en des endroits précis à la base du mur de l'œil d'un ouragan, par pompage en eaux profondes, afin de prendre le contrôle de cet ouragan pour l'affaiblir. Et l'entraîner peu à peu, par effet Coriolis, vers les bassins océaniques plus frais pour le déstructurer progressivement en tempête tropicale.*

La proposition décrite ici vise, non pas à détruire un ouragan mais à l'amoindrir jusqu'à sa rétrogradation en tempête tropicale moins agressive, beaucoup plus naturelle et utile dans l'organisation de l'atmosphère terrestre.

L'écart trop important entre les températures océan-troposphère conduit donc, après quelques péripéties, à un ouragan, c'est-à-dire

---

[1]Brevet France

à un réarrangement moléculaire spectaculaire. L'ordre qui apparaît dans la structure ouragan doit être détruit car il freine sa marche vers son extinction. Le principe de pire action, dont le but avoué est d'organiser le désordre dans le monde microscopique pour éviter le chaos dans notre monde macroscopique doit être appliqué. Détruire l'ordre que le chaos a construit est l'objectif.

Les principes de thermodynamique de Carnot et Clausius s'écrivent :

L'énergie se conserve mais elle se dégrade.

Le principe de pire action, pour son objet, ajoute :

L'énergie se conserve mais elle doit parfois être dégradée.

Le seul paramètre accessible a priori est la température du réservoir d'eau chaude, mère nourricière de l'ouragan,

Comme le suggèrait ironiquement D'Arsonval, suite à Jules Verne, il n'est pas nécessaire d'aller chercher l'eau fraîche aux pôles car elle existe à quelques centaines de mètres sous la surface des mers tropicales. Il suffit d'aller la chercher !

Mais remonter l'eau fraîche des profondeurs n'est pas une mince affaire.

On a en mémoire le postulat de Clausius qui mène au mal-aimé second principe de thermodynamique. Ce postulat s'énonce ainsi :

> *La chaleur ne passe pas d'elle-même d'une source froide à une source chaude.*

Un postulat ne peut pas être démontré mais il est conforme à l'expérience. D'un autre point de vue, toutes les observations faites sur les liquides soumis au phénomène de convection montrent que les particules froides descendent alors que les particules chaudes s'élèvent.

Adaptons ces conclusions au problème des ouragans, on peut écrire :

> **L'eau froide des profondeurs des mers tropicales ne remontera pas d'elle-même à la surface plus chaude de l'océan, pour perturber la base d'un ouragan.**

L'auto-organisation naturelle d'un ouragan est affichée clairement par l'œil et son mur. Affaiblir un ouragan consiste donc, a priori, à agir sur la base du mur pour le miner afin de déstabiliser l'ensemble de cette structure dissipative.

En utilisant de préférence les réserves naturelles d'énergie disponibles in situ.

L'énergie thermique des mers ETM : une utopie devenue réalité

Les installations pour récupérer l'énergie thermique des mers (ETM) fonctionnent avec deux sources, l'une chaude correspond à la température de surface, l'autre froide est celle des profondeurs de l'océan. Ces machines ETM, en cours de développement, sont installées près des côtes afin d'alimenter les populations des îles en énergie électrique.

Il est proposé ici de les désolidariser des zones côtières pour en faire des navires de pleine mer. L'énergie produite par le cycle thermodynamique ETM sera utilisée :

- pour la propulsion d'un navire sous-marin afin qu'il puisse intercepter puis suivre l'ouragan au plus près, lequel se déplace généralement à une vitesse de l'ordre de 25 km/h.

- pour le pompage des eaux profondes nécessaire au refroidissement du mur de l'ouragan.

On est donc en présence de deux machines thermiques productrices d'énergie mécanique : l'une est une machine naturelle (ouragan) et l'autre une machine réalisée par l'homme (ETM). Ces deux machines obéissent aux principes de thermodynamique.

Autrement dit dans ce projet, le sous-marin ETM utilise l'énergie disponible sur place pour réaliser un cycle thermodynamique moteur destiné à contrer le moteur thermique ouragan. Toute l'affaire ouragan devient un problème local à traiter localement, sans aucune intervention extérieure, a priori.

Des mégastructures pour calmer les ouragans

L'exploitation des énergies dites renouvelables conduit généralement à une installation de grande dimension, onéreuse et de faible rendement. L'ETM ne déroge pas à cette règle. Malgré ces désagréments, l'idée initiale de Jules Verne, reprise par D'Arsonval et démontrée par Georges Claude reste enthousiasmante.

Le procédé concerne donc des navires de surface autonomes (sans carburant et sans opérateur) commandés depuis une base, et conçus pour déstabiliser les ouragans.

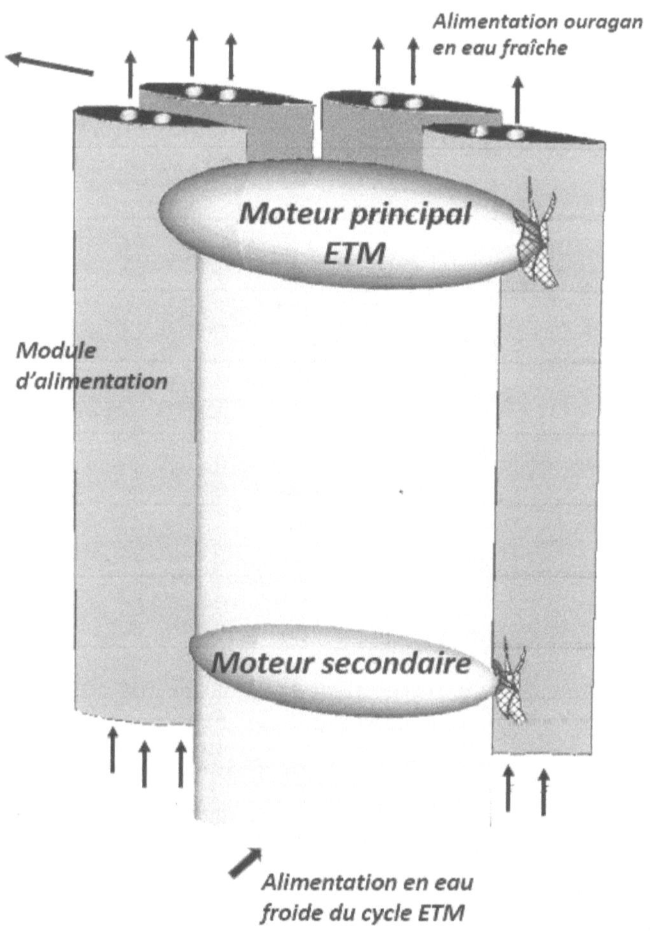

Fig.1 - Vistemboir pour ouragan (Coupe par l'axe)

Ces mégastructures (*Vistemboirs pour ouragans*) motorisées et armées pour la navigation en mer agitée ne nécessitent donc aucun apport extérieur pour fonctionner, par contre des batteries embarquées seront utilisées pour les phases de démarrage par exemple.

Ces navires voguent vers les ouragans en mode classique. À l'approche des zones fortement chahutées, ils s'enfoncent suffisamment dans la mer pour échapper autant que faire se peut aux perturbations. Ils sont pilotés pour être disposés en des endroits précisés sous l'ouragan et dès lors navigent dans une position fixe par rapport à lui.

Un certain nombre de navires sous-marins forme l'Armada 1 et un autre groupe constitue l'Armada 2.

Exemple de vistemboir pour ouragan.

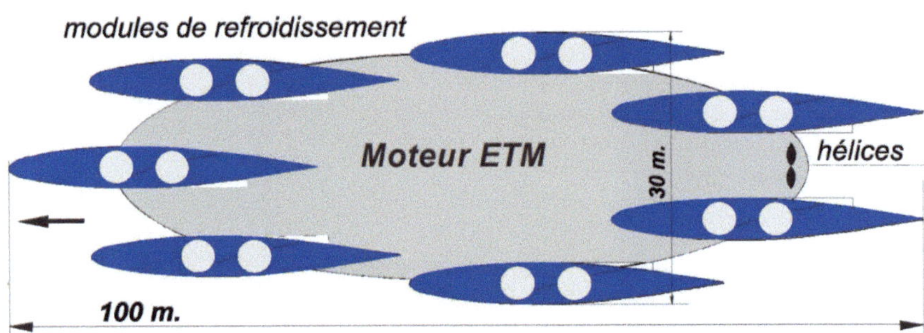

Fig. 2   Vistemboir - vue de dessus

Il comporte principalement (Fig.1) :

• Le moteur principal, à base d'un ETM, qui est inclus dans un corps ovoïde de 25 mètres de diamètre. L'énergie mécanique produite par ce corps central est utilisée essentiellement pour la propulsion du navire sous-marin et le pompage de l'eau fraîche à une profondeur minimum de 300 mètres où la température de l'eau est d'environ 10 $^\circ$ C.

• Le corps moteur secondaire, soumis à une pression supérieure à 10 bars, est semblable aux sous-marins anaréobie AIP (Air

Independent Propulsion). D'environ 10 m. de diamètre, il reçoit une puissance d'appoint du moteur principal pour l'entraînement d'accessoires et de ses propres hélices.

• Les modules de refroidissement sont assemblés sur le corps central moteur et sur le corps secondaire de telle sorte que l'ensemble forme un système stable, en évitant les interférences hydrauliques entre eux (Fig.2).

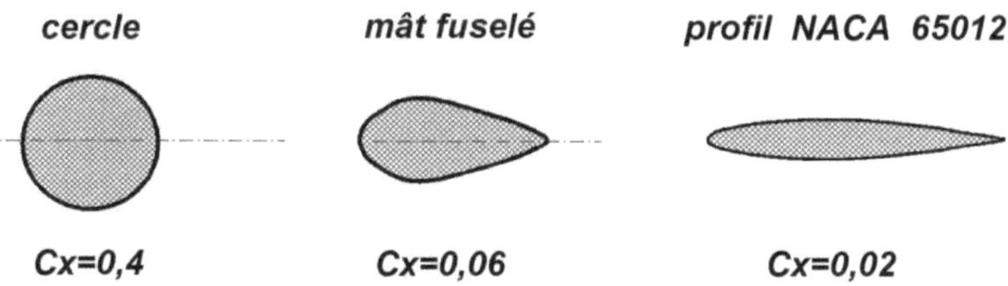

Fig.3   Coefficient de traînée C_x de divers profils

• Toutes les parties externes sont nécessairement soumises aux lois de l'hydraulique. Afin d'atteindre la vitesse de déplacement de l'ouragan, le corps principal et sa tuyauterie d'alimentation en eau froide, le corps secondaire, et les modules de refroidissement sont carénés avec un profil type adapté rappelant la forme des poissons (Fig.3). Les modules de refroidissement, en particulier sont profilés selon les règles de l'art afin de limiter la traînée (série NACA 65012 par exemple).

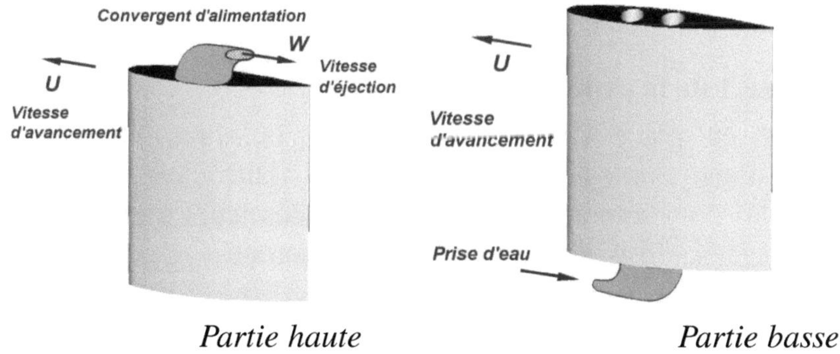

Partie haute   *Partie basse*

Fig.4   Dispositif de prise et d'éjection d'eau d'un module

• Les modules de refroidissement sont munis de dispositifs de prise d'eau en partie basse. Alors que la vitesse de l'eau dans les gaines est de l'ordre de 2 m/s, un convergent en partie haute permet à l'eau de refroidissement de rejoindre la vitesse du navire (environ 7 m/s) afin que l'éjection dans l'océan soit la moins perturbée possible. (fig 4)

Exemple de caractéristiques globales d'un vistemboir pour ouragan

Pour une vitesse de déplacement de l'ouragan = 25 km/h :

- Puissance nécessaire pour vaincre la traînée : 40 MW
- Puissance de pompage : 16 MW
- Puissance de pompage et d'entraînement nécessaire : 56 MW
- Débit d'eau de refroidissement de l'ouragan : 420 m^3/s
- Envergure : 30 m., Longueur : 100 m.
- Prise d'eau à une profondeur de 300 m. pour les modules de refroidissement,
- Prise d'eau à une profondeur de 400 m. pour l'alimentation en eau froide du cycle thermodynamique ETM,

Procédure pour déstructurer un ouragan

Déstructurer un ouragan signifie que sa régularité doit être perturbée, ce qui peut être obtenu en l'altérant par une injection massive d'eau fraîche en des endroits précis.

Phase 1 de la procédure

Mise en place des vistemboirs sur la zone, et suivi des dépressions tropicales (NHC National Hurricane Center par exemple) pour interception au plus vite dès leurs transformations en ouragans, c'est-à-dire dès que l'œil apparaît.

Phase 2 de la procédure

Positionnement du procédé pour les ouragans de l'Atlantique nord (à inverser pour les cyclones de l'hémisphère sud). Le positionnement sous le mur de l'œil signifie que les ETM sous-marins seront disposés au plus près de la surface à une profondeur telle que les perturbations de surface soient suffisamment atténuées et acceptables.

Positionner l'armada 1 d'ETM sous le mur de l'œil dans la zone repérée sur la figure 5 (sous l'axe de déplacement de l'ouragan, à une vingtaine de kilomètres en amont du mur de l'œil) et commencer le refroidissement.

Positionner l'armada 2 d'ETM sous le mur de l'œil selon la tangente à l'œil parallèle à l'axe de déplacement de l'ouragan (Fig.5) et débuter l'opération refroidissement.

Positionnement pour un œil de 40 km de diamètre

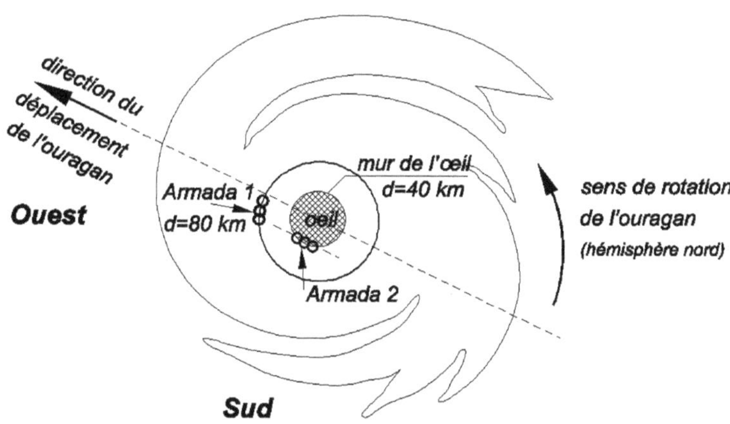

Fig.5   *Emplacement des dispositifs (l'hémisphère Nord)*

Phase 3 de la procédure : Déplacement du dispositif

Le dispositif complet de navires (Armada 1 et Armada 2), piloté depuis une station d'observation, sera déplacé à la vitesse de l'ouragan en maintenant sa position par rapport à l'œil.

On notera que toutes ces actions contrarient les conditions d'apparition des ouragans rappelées précédemment.

Effets attendus :

- Déstabilisation progressive de l'ouragan. L'injection massive d'eau froide sous le mur de l'œil participe :

⊙ à déstructurer peu à peu le système en affaiblissant les corrélations entre les milliards de milliards de molécules formant cette immense structure auto-organisée, c'est-à-dire en introduisant du désordre dans la partie ordonnée de l'ouragan.

⊙ à introduire un certain cisaillement dans les vents tournoyants en spirale le long du mur. Un profil de vent hétérogène déséquilibre l'ouragan, lequel a besoin de régularité en ce domaine pour se former d'abord puis se développer ensuite.

- Modification de la trajectoire de l'ouragan.

L'injection d'eau froide aux endroits précités barre la route de l'ouragan vers les bassins d'eau plus chaude. Cet apport massif d'eau fraîche est un artifice destiné à tromper l'ouragan. La tendance naturelle du système auto-organisé ouragan, comme de toutes les stuctures dissipatives est d'accroître sa puissance en se nourrissant d'échanges avec l'environnement. Les molécules près de la surface de l'océan transmettront au *système moléculaire complet ouragan* l'information que de l'eau fraîche existe dans la direction O-SO et qu'il est donc préférable pour tout le système d'opter pour la direction NO-N où il pourra, de son point de vue, s'alimenter dans de meilleures conditions.

- Accentuation du guidage vers le Nord-Ouest par effet Coriolis.

Cet effet est nul à l'équateur et il croît lorsqu'on se déplace vers les pôles, il commence à être faiblement actif à partir de 5 degrés de latitude. L'ouragan sera donc d'autant plus soumis à la force d'inertie de Coriolis qu'il aura été déplacé vers les latitudes nord où il sera peu à peu entraîné vers sa droite.

Réflexions complémentaires sur les vistemboirs pour ouragans

Sur le chemin de la réalisation d'un vistemboir pour ouragan, de nombreux obstacles se dressent. Ils ne semblent cependant pas rhédibitoires. Dressons-en une liste non exhaustive :

- Les moteurs ETM devraient profiter du marché d'exploitation des champs sous-marins en forte croissance. Des entreprises parapétrolières se spécialisent dans la mise en œuvre d'infrastructures sous-marines à haute valeur ajoutée technologique.

- Les navires seraient équipés d'un système de pilotage à distance dont la technologie est seulement en cours d'évaluation.

- Ces nombreuses mégastructures de dimensions hors normes - qui pourraient être apparentées aux installations pétrolières offshore - sont de surcroît mobiles : leur tenue à la mer reste donc à prouver.

- Le fluide moteur utilisé pour décrire le cycle de l'ETM peut être l'eau ou l'ammoniac. Bien que l'eau soit la solution idéale, l'utilisation de l'ammoniac est plus réaliste pour le dimensionnement de l'installation, ce qui est contrariant car l'ammoniac apporte certains désagréments et obligations vis à vis de l'environnement.

Une solution alternative consiste à opter pour les systèmes de propulsion anaérobie AIP (Air Independent Propulsion) pour sous-marins, lesquels peuvent fonctionner quelques jours en plongée sans utiliser d'air extérieur. Ils sont donc bien adaptés car les ouragans s'éteignent aussi après 8 jours d'existence environ. Plusieurs techniques sont utilisées allant de l'ajout de réserves d'oxygène liquide pour sous-marins Diesel-électrique jusqu'à des technologies comme la pile à combustible.

- La réalisation, l'installation et la tenue à la mer des conduites d'eau ne sont pas sans poser de grandes complications aux constructeurs des ETM. Les tuyauteries du projet présenté ci-dessus sont plus courtes mais mobiles, ce qui ajoute aux difficultés. Par ailleurs, des conduites plus courtes conduisent à des températures plus élevées de la source froide du cycle ETM , ce qui rend plus délicat la réalisation pratique de ce cycle. Par contre les échangeurs mobiles seront plus performants que des échangeurs en positions fixes près des côtes.

Les contraintes sont très fortes et fragilisent donc cette solution. Elle méritait cependant d'être présentée, ne serait-ce que pour la soumettre à une critique constructive. D'autres solutions pourraient ainsi émerger.

En conclusion :

La piste choisie dans ce texte étant le refroidissement d'une portion d'un ouragan, il est nécessaire d'utiliser des pompes de relevage pour ramener en surface l'eau fraîche des profondeurs. La physique nous enseigne que l'on doit dépenser de l'énergie pour réaliser cette opération, qui n'est pas spontanée.

Naturellement, il a fallu envisager des structures de grande dimension dont la hauteur est supérieure à 200 mètres - pour atteindre les eaux froides - et pomper un débit important en rapport avec la portion d'ouragan que l'on entreprend de refroidir.

Le choix de suivre l'ouragan dans son déplacement afin de le forcer à dévier de sa trajectoire coûte cher en énergie et complique singulièrement la tâche car tout le dispositif doit être caréné pour faciliter sa pénétration dans l'eau.

Si à première vue, les dimensions des vistemboirs peuvent paraître choquantes, elles le deviennent beaucoup moins quand on les compare à celles des ouragans. Un vistemboir n'est que la mouche du coche de l'ouragan.

Ce texte relatif aux ouragans a permis de rappeler les principes de la thermodynamique. En montrant les difficultés de réalisation de dispositifs pour remonter l'eau des fonds marins, on révèle, en grandeur nature, le poids et l'influence de l'incontournable second principe de la thermodynamique.

Le procédé présenté dans ce texte s'est appuyé sur les ouragans de l'hémisphère nord ; il s'applique aussi évidemment aux typhons de l'océan Pacifique et aux cyclones de l'océan Indien mais il faut alors tenir compte de l'inversion de l'effet Coriolis lorsqu'on franchit l'équateur.

Le vistemboir entropique semble capable, par effets cumulatifs, d'affaiblir un ouragan et de le conduire graduellement vers des zones maritimes inhabitées où il sera rétrogradé en tempête tropicale avant de s'éteindre.

Peu à peu, sa puissance motrice sera détruite. L'objectif est de dégrader progressivement, en pleine mer, cette structure dissipative en lui interdisant de venir s'épuiser, en semant la désolation, dans les terres habitées des Antilles et des USA.

Expérience de pensée aujourd'hui, le vistemboir pour ouragan montre qu'il deviendra bientôt possible de calmer ces monstres que la nature construit sous nos yeux.

Nous autres, le genre humain, avons sur la nature l'avantage sublime d'être doté de raison. Si nous n'utilisons pas cette raison pour dompter les ouragans, alors il nous faudra subir de plus en plus leurs méfaits. Nous aurons ainsi, devant l'histoire, refusé de comprendre la nature et de la secourir en capitulant devant ses débordements.

> *Les sciences, comme les techniques, ne cessent de déplacer les limites entre le pensable et l'impensable, de susciter des possibles qui bouleversent aussi bien l'ordre de la pensée que celui de la société. Nous sommes irréversiblement engagés dans une histoire ouverte où s'expérimente ce que peuvent les hommes et leurs sociétés.*
>
> *Entre le temps et l'éternité.*
> *Ilya Prigogine et Isabelle Stengers.*

Le capitaine NEMO et l'équipage du Nautilus
observant un vistemboir pour ouragan

22   Lettre ouverte à la Jeunesse engagée dans la lutte contre le réchauffement climatique

"Nous pouvons soit sauver notre monde soit condamner l'humanité à un avenir infernal", a déclaré récemment le secrétaire général de l'ONU Antonio Guterres devant les responsables d'une cinquantaine de pays réunis pour préparer la COP 26 sur le changement climatique.

Vous militez, avec la jeunesse du monde, pour préserver notre environnement, et vos incitations pour que les gouvernements et organisations agissent davantage sont à encourager.

Il existe un domaine, abandonné par les gouvernants, dans lequel vos appels pourraient en outre devenir des propositions ; il s'agit des cyclones tropicaux, objets de cette lettre.

Une partie de la physique est curieusement restée inexplorée. On la découvre quand une énorme quantité d'énergie doit être rapidement dégradée. Les circonstances sont certes peu nombreuses mais elles sont cruciales pour l'environnement : soupapes de régulation et de sécurité des centrales électriques, cyclones tropicaux, etc.

Les manifestions météorologiques grandioses mais redoutables que l'on nomme cyclones tropicaux, ouragans ou typhons selon les régions du globe sont essentiellement dues à l'élévation excessive de la température de surface des mers tropicales durant la saison chaude. Un trop important déséquilibre en température entre la surface des océans et celle en altitude peut transformer une dépression tropicale en tempête tropicale d'abord, puis en ouragan lorsque le système pénètre dans le chaos.

Les développements récents en thermodynamique et en physique du chaos révèlent que de l'ordre apparaît alors, caractérisé par un œil et son mur de nuages. Le système s'auto-organise de manière spectaculaire et devient un moteur thermique géant, mobile sur la surface de l'océan ; moteur qui se débarrasse de sa puissance motrice en semant la désolation sur les terres habitées.

Avec le réchauffement climatique actuel, certains prédisent que ces cyclones tropicaux seront de plus en plus nombreux et d'autres pensent qu'ils seront de plus en plus violents

Le "Grand Ouragan" de 1780 fut l'un des plus dévastateurs de l'histoire. De 20.000 à 30.000 personnes y perdirent la vie. Les ouragans, de nos jours, sont moins meurtriers car les systèmes de surveillance, d'alerte et de prévention se sont considérablement développés. Les spécialistes des sciences de l'océan savent maintenant prédire leur trajectoire à court terme. Un appel à une évacuation de millions de personnes est parfois nécessaire ; cet exode massif provoque un désarroi monstre et des situations catastrophiques. Des centaines de milliers de personnes se mettent à l'abri par leurs propres moyens.

Les ouragans de l'année 2017 ont été particulièrement actifs ; les dégâts causés sont estimés à plus de 300 billions US dollars par le gouvernement des États-Unis (environ 250 milliards d'euros). Ces chiffres interpellent. Le coût des désastres dus aux ouragans pour 2017 et pour les seuls USA correspond, en gros, au prix de 60 centrales de 1000 MW, ce qui représente par exemple la totalité du parc électronucléaire franais.

Que peut-on faire devant ce phénomène naturel ? Rien, nous dit-on, de toutes parts.

On vous dira qu'il faut être fou pour lutter contre les ouragans, je me console sachant qu'il est encore plus fou de ne rien faire.

Quoi ? On serait incapable de suivre un ouragan qui ne se déplace pas plus vite qu'un poisson et en même temps puiser de l'eau froide à quelques dizaines de mètres de profondeur pour rafraîchir sa base et ainsi l'atténuer et le déstabiliser ?

On en sait aujourd'hui suffisamment sur ces phénomènes pour esquisser une solution visant à détruire la partie ordonnée d'un ouragan, afin de l'affaiblir progressivement en le rétrogradant en tempête tropicale beaucoup moins agressive et beaucoup plus utile pour l'équilibre thermique de notre planète Terre.

Un brevet d'invention a été délivré en 2020, qui tend à démontrer la faisabilité d'une telle mégastructure marine. Une flottille composée de telles structures semble capable, par effets cumulatifs, d'anéantir progressivement un ouragan en pleine mer, et donc de protéger les régions habitées.

Expérience de pensée aujourd'hui, on montre ainsi qu'il pourrait être possible, au prix d'un saut technologique conséquent et utile, de calmer ces redoutables phénomènes météorologiques que la nature construit en mer sous nos yeux.

Nous autres, le genre humain, avons sur la nature l'avantage sublime d'être doté de raison. Si nous n'utilisons pas cette raison pour dompter les ouragans, alors il nous faudra subir de plus en plus leurs méfaits. Nous aurons ainsi, devant l'histoire, refusé de comprendre la nature et de la secourir en cédant devant ses débordements.

Ce n'est pas parce que les choses sont difficiles que nous n'osons pas disait Sénèque, c'est parce que nous n'osons pas qu'elles sont difficiles.

Dr. Michel Pluviose   Octobre 2021

Quelques avis parmi d'autres :

Wow! thank you so much for sharing it :)
Paloma C. O. ; UN SG's Youth Advisory Group on Climate, Universidade de Brasilia

Well said ! Thank you for sharing Michel
Rasiga S. ; Environmental Engineer,
Coimbatore Institute of Technology, India
etc...

> **Tout chercheur qui découvre un principe s'écartant du conformisme est dans l'impossibilité de faire accepter ses idées.**
>
> *Auguste Lumière*
>
> **Il trouve cependant des satisfactions incomparables lorsque la Nature, toujours en avance sur ses idées, lui donne des raisons d'espérer.**

23   À la recherche de l'ordre parfait

Les civilisations se sont érigées à travers deux disciplines fondamentales : la science et la religion. La philosophie et la métaphysique se situent entre les deux, plus ou moins proches de l'une ou de l'autre selon les convictions de chacun. La science, s'appuyant sur la raison, étudie les phénomènes de la nature. La religion, en quête d'absolu, satisfait à un besoin intime de l'âme.

Notre propos concerne la science, mais curieusement, l'obligation d'utiliser les Écritures, donc de nous rapprocher de la religion, va devenir manifeste.

Une querelle incessante oppose le monde des molécules et notre monde macroscopique ; cette dispute n'apparaît pas lorsqu'un système se trouve au calme, proche de l'équilibre, là où règne le principe de moindre action. Elle se manifeste quand on s'éloigne de l'équilibre lorsque le monde microscopique s'éveille devant nos yeux à travers les structures dissipatives dans lesquelles l'ordre et le désordre cohabitent, ce qui peut conduire à des situations dangereuses et parfois fatales.

Un cas flagrant concerne les soupapes utilisées dans de nombreux domaines industriels, ainsi que dans les centrales thermiques classiques, solaires et nucléaires. Le but d'une soupape de sécurité, lors d'une surpression éventuelle, est d'une part d'évacuer un certain débit de fluide pour éviter l'explosion du réservoir qu'elle doit protéger et d'autre part de rétablir une pression correcte après sa refermeture.

Or, par inadvertance, on a laissé le chaos s'introduire dans ces organes et en prendre le contrôle alors qu'ils sont chargés de protéger les populations, les installations et l'environnement. On ne compte plus les incidents et accidents sur de tels matériels.

En appliquant le principe de double action, c'est-à-dire en désorganisant au plus vite les structures ordonnées mais néfastes construites par le monde microscopique, on montre qu'il est en même temps possible d'échapper au chaos dans notre monde macroscopique. C'est en supprimant l'ordre que l'on peut obtenir un grand désordre, et rendre ainsi une soupape à son rôle souhaité : celui de dégrader de l'énergie à l'abri des régimes chaotiques dangereux.

Ces notions rappelées dans le présent texte ont fait l'objet de diverses publications scientifiques, de brevets et d'un livre de physique appliquée : L'organisation du désordre pour sortir du chaos.[1]

Ma démarche aurait pu s'arrêter là mais ce livre pourtant généralement bien accueilli, sembla troubler certains lecteurs. Je finis par m'apercevoir qu'ils n'osaient pas entrer dans ce texte, par appréhension. Le titre était-il trop agressif ? Le principe de pire action était-il compatible avec les valeurs de l'éthique ? Étais-je devenu un professionnel du désordre ?

J'ai eu tort d'utiliser le terme *"principe de pire action"* seul car il ne s'applique qu'au monde microscopique, alors que notre ressenti concerne essentiellement le monde macroscopique. Il eut mieux valu employer *"principe de pire et meilleure action* ; ou mieux *"principe de double action* car en supprimant l'ordre (pire action) dans une structure dissipative, on élimine aussi le chaos (meilleure action) dans notre monde macroscopique. C'est l'appellation *principe de double action* qui a été privilégiée autant que possible dans le présent texte. Sans bannir pour autant la préalable et nécessaire pire action.

Est-il permis de troubler la Création en supprimant de l'ordre dans la nature ?

À vrai dire, je ne m'étais pas posé la question pour les soupapes de sécurité et de régulation des centrales énergétiques objets

---

[1]Un titre plus explicite mais jugé trop long, serait : *L'organisation du désordre dans le monde microscopique pour sortir du chaos dans notre monde macroscopique.*

de tant d'accidents, tellement il semblait évident de les faire sortir des zones chaotiques dans lesquelles elles étaient plongées, indépendamment de toute autre considération.

En creusant davantage le sujet, et au détour de lectures, on trouve également beaucoup de défiance vis-à-vis du désordre. Ainsi, des travaux de Joule, qui a donné son nom à l'unité d'énergie dans le système international, on extrait le texte suivant :

> ***"Croyant que la puissance de détruire revient à Dieu seul, j'affirme . . . "***

Or, le principe de double action, qui permet de maîtriser des structures dissipatives dangereuses, se propose justement de détruire l'ordre dans un système. Joule pensait certainement à d'autres cas quand il écrivit son texte.

Il fallait réagir !

L'application de ce principe de double action aux ouragans m'en offrit l'occasion.

Cherchant à calmer un ouragan, je compris les réticences de quelques-uns. En effet, dans certains textes, on estime que les ouragans sont des bienfaits du ciel pour les uns ou des punitions divines pour d'autres. On trouve aussi d'autres calamités de nature soi-disant divines.

Pourquoi et comment un Être suprême serait-il à l'origine de ces désastres ? Qui oserait prétendre que l'Éternel est responsable des vibrations, des fuites et des dégâts de portée mondiale que nos méconnaissances et incompétences ont provoqué ? Les phénomènes incompris et les erreurs humaines de conception n'ont pas à être attribuées ni à l'Éternel, ni au hasard.

C'est la philosophie de Thalès reprise par Newton en particulier, qui acceptait l'existence de Dieu ; un Dieu qui avait engendré le Monde ; mais un Dieu qui restait éloigné de nos affaires humaines, qu'elles concernent de nos jours les robinets à soupapes de nos centrales nucléaires ou les cyclones tropicaux ou encore un virus.

Pourquoi le principe de double action serait-il autorisé pour ramener le calme dans les soupapes ? Et interdit pour apaiser un ouragan ?

Dans la Bible, on ne parle évidemment pas des soupapes des centrales nucléaires, mais par contre on évoque assez clairement les cyclones tropicaux. En effet, on trouve :

Psaumes 89-10 : *Tu domptes l'orgueil de la mer ; quand ses flots se soulèvent, tu les apaises.*

Le principe de double action se trouve ainsi conforté par les textes bibliques dans son objectif de calmer les ouragans. Et par ricochet, l'application aux soupapes s'en trouve encouragée.

Les lisières du monde

Deux lisières bornent notre monde d'ordre et de désordre : l'une est celle du désordre complet et l'autre celle de l'ordre parfait.

• Le désordre complet peut être approché en utilisant le principe de double action, qui se propose par son côté *pire action* de supprimer tout ordre naissant dans les systèmes ouverts loin de l'équilibre, donc de laisser le champ libre au désordre afin qu'il puisse se développer sans être entravé.

• L'ordre parfait concerne des systèmes à entropie nulle, donc sans aucun désordre. Ce cas semble a priori impossible à obtenir, même si on peut s'en approcher dans des cas particuliers, trop éloignés de nos préoccupations, objets du troisième principe de thermodynamique[2].

Peut-on introduire un ordre parfait dans la nature ?

Essayons d'accéder à un système dans lesquel une partie serait parfaitement ordonnée, c'est-à-dire dans laquelle l'entropie serait nulle et donc le désordre inexistant. Soit le schéma d'un ouragan, pris comme exemple d'application, décomposé en deux sous-systèmes A et B en figure 1.

L'origine des axes est choisie au moment où la dépression tropicale se forme. Le développement de cette structure naissante s'effectue jusqu'à une bifurcation à partir de laquelle l'ouragan émerge.

---

[2]Troisième principe de thermodynamique : la valeur de l'entropie de tout corps pur dans l'état de cristal parfait est nulle á la température de 0 Kelvin.

À partir de cette singularité, le sous-système A, comprenant en particulier l'œil de l'ouragan, voit son entropie baisser car de l'ordre apparaît localement. Une régulation s'est installée dans le système : des molécules messagères apportent des informations sur l'état de la mer et de la stratosphère et ces informations entraînent une diminution de l'entropie dans ce sous-système A.

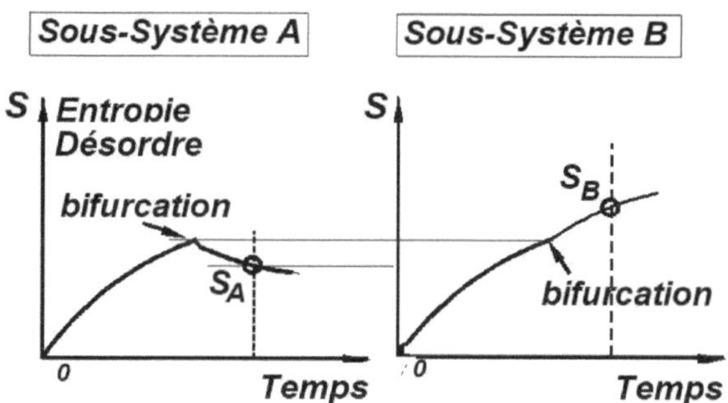

Fig. 1 *Schéma entropique du système ouragan*

Dans le même temps, le sous-système B reçoit l'entropie évacuée par le sous-système A. L'entropie globale des deux sous-systèmes A + B croît conformément au second principe de la thermodynamique.

Reprenons l'image du jardinier indélicat qui nettoye son lopin de terre en balançant ses cailloux et détritus chez son voisin. Son jardin sera un peu plus en ordre et celui du voisin en grand désordre. Le jardinier aura mis de l'ordre dans son jardin en évacuant de l'entropie vers son voisin. De même, la partie ordonnée d'un ouragan (sous-système A) sera d'autant plus marquée qu'il aura évacué de l'entropie vers des parties externes (sous-système B).

Le niveau entropique S_A est beaucoup plus important que le niveau zéro, correspondant à la perfection. Si la partie ordonnée de l'ouragan pouvait être à entropie nulle, son point représentatif serait en S_Z, au niveau entropique du début du temps. L'entropie évacuée par le sous-système A et transférée au sous système B conduirait, selon les masses en présence, à un point représentatif tel que S'_B, c'est-à-dire signifierait un désordre gigantesque (Fig.2).

Le sous-système A parfait recherché ne peut pas être un élément matériel, puisque la matière est dégradable, soumise à l'action dévastatrice du temps, donc désordonnée. Ce sous-système parfaitement ordonné ne peut être composé que de lumière incorruptible. L'ordre parfait en S_Z se trouve dans la lumière immatérielle des photons sur laquelle le second principe dégradateur de la thermodynamique n'a aucune prise.

En S_Z, à entropie nulle, toutes les informations sont connues. Il ne semble pas possible de monter une expérience dans laquelle une partie d'un système serait parfait, alors que dans les Écritures on trouve de tels cas décrits avec suffisamment de précisions. Pourquoi un physicien ne les utiliserait-il pas ?

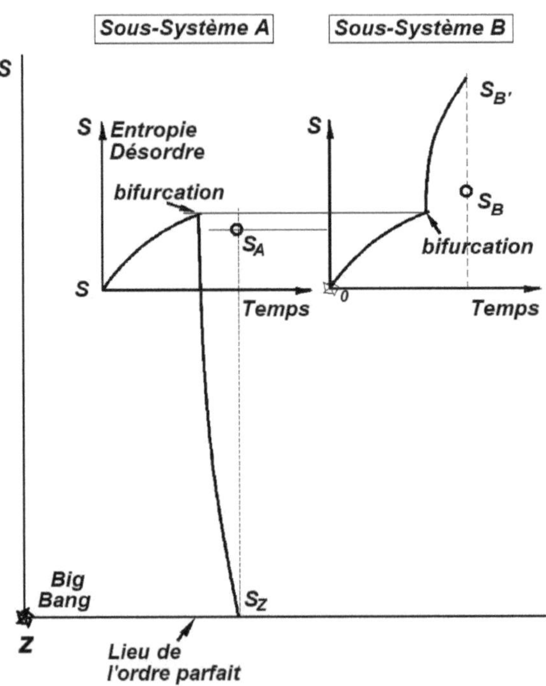

Fig. 2 *Ouragan avec un sous-système A en ordre parfait*

Un système comprenant une partie parfaitement ordonnée à entropie nulle et une partie externe très désordonnée dans laquelle une énorme quantité d'énergie se dissipe semble humainement impossible à obtenir. Cela reste une expérience de pensée.

> **Il est absolument possible qu'au delà de ce que perçoivent nos sens, se cachent des mondes insoupçonnés.**
>
> Albert Einstein

Lettre au Pape François et aux autorités religieuses

C'est l'objet de la note adressée au Pape François, de savoir jusqu'où un physicien peut utiliser les textes sacrés, sans nuire aux préceptes de la religion et sans froisser les consciences[3].

Avec le principe de pire action, on cotoye les démons et on n'en manque pas ! Avec la recherche de l'ordre parfait, il faut pénétrer dans un univers dans lequel la physique doit céder le pas à la métaphysique, à la philosophie, ... bref dans des domaines qu'un physicien ne peut envisager sans une profonde retenue tellement il est loin de ses bases. Il se doit d'en référer aux autorités compétentes.

Extraits de la réponse du Vatican (8 Mai 2020)
(via la Nonciature apostolique en France)

"Votre correspondance du 12 avril dernier adressée à Sa Sainteté le Pape François est bien parvenue à son courrier et a été lue avec attention."

"Je suis chargé de vous en remercier au nom du Saint-Père. Il demande …de vous faire grandir toujours davantage …   à partir de vos connaissances scientifiques, ..."

Mgr L. Roberto Cona
Assesseur

---

[3]La loi sur la laïcité organise le respect de toutes les options spirituelles, des croyants et des non-croyants, et incite chaque citoyen à respecter les autres dans leur différence, rappelle Patrick Weil.

24   **Note aux autorités religieuses**

Michel Pluviose
Professeur honoraire en énergétique
https://www.extreme-physics.com

12 Avril 2020

Note à l'attention
du Très Saint Père
S.S. le Pape François

Du plus grand désordre à l'ordre parfait

Le modèle standard du Big Bang admet qu'une pointe d'aiguille extraordinairement chaude est à l'origine de notre univers. Les cosmologues nous apprennent qu'à partir de cette singularité, des photons de lumière en se heurtant violemment firent apparaître la matière. Matière et lumière furent étudiées séparément jusqu'au début du XXe siècle où la relativité restreinte put enfin les relier.

C'est seulement à partir du moment où la matière apparaît que les lois de la physique peuvent être appliquées aux systèmes munis de masse, que ce soit à une étoile comme le Soleil ou à un virus minuscule. Les lois de la physique des corps matériels ne prennent évidemment pas en compte les photons de lumière puisqu'ils sont dénués de masse.

Au XIXe siècle, une nouvelle branche de la physique associant chaleur et mouvement, qui pour cette raison fut appelée thermodynamique stipula que l'énergie se conservait mais qu'elle se dégradait. C'est le second principe de thermodynamique qui prend en compte la dégradation de l'énergie, caractérisée par l'entropie que l'on peut nommer plus simplement désordre dans le cas présent. Ce désordre, dû à des irréversibilités de toutes sortes comme le frottement, est lié à l'agitation dans le monde microscopique et compte tenu du nombre gigantesque de molécules en incessants mouvements, on dut faire appel à la théorie des probabilités.

Après le déséquilibre fantastique dû au Big Bang, l'univers se dilata et se refroidit en recherchant son équilibre. Étonnamment, la thermodynamique qui traite justement du mouvement et de la chaleur put prétendre prendre en compte la physique de l'univers tout entier. En effet, on put annoncer que l'énergie de l'univers restait constante d'après le premier principe et que le désordre dans l'univers tendait probablement vers un maximum appelé mort thermique de l'univers, d'après le second principe.

Puisque le désordre augmente vers le futur, il était donc plus faible dans le passé, et pouvait tendre vers zéro très proche du Big Bang. Au début des temps, régnait donc l'ordre. Le temps se caractérise ainsi par une flèche orientée vers l'avenir, dans le sens des désordres croissants. Dès que la matière fut donc créée, le désordre se mit en marche et avec lui, le temps.

Suppression d'ordre dans certaines structures dangereuses pour le genre humain

Le second principe de la thermodynamique n'interdit pas que de l'ordre puisse apparaître localement dans un système à condition que le désordre augmente globalement dans ce système.

Plus récemment, les théoriciens du chaos montrèrent effectivement que des structures ordonnées pouvaient surgir, après le passage par une bifurcation et une zone chaotique, dans un système entraîné vers le désordre ; elles sont appelées structures dissipatives,

Un exemple est celui de l'ouragan qui utilise les lois de la thermodynamique et du chaos pour se former. Il se comporte comme une soupape libérant de l'énergie accumulée sous les Tropiques pendant la saison chaude. Ici ou là, apparaît d'abord une tempête tropicale qui dégrade de l'énergie. Puis, selon les aléas rencontrés sur l'océan, un ouragan peut émerger. Le système moléculaire s'organise et, introduisant de l'ordre, il transforme cette tempête désordonnée en ouragan, c'est-à-dire en un moteur thermique très ordonné mais dévastateur venant s'éteindre sur la terre des hommes en y semant ses calamités. Le conflit entre ordre et désordre est ainsi la cause de phénomènes complexes et spectaculaires, mais parfois dangereux. L'ordre introduit dans un ouragan doit être détruit afin de le déclasser en tempête tropicale beaucoup moins agressive. Le principe de pire action à utiliser introduit un grand désordre dans le monde moléculaire, pour détruire son organisation, afin d'éviter le chaos dans notre monde macroscopique.

Le principe de pire action prônant la destruction d'ordre dans la nature peut choquer autant par son nom que par son objet. Il a donc paru souhaitable d'étudier, a contrario, la possibilité d'existence d'un système dans lequel l'ordre serait parfait, donc sans aucun désordre. Ce qui est loin d'être le cas dans un ouragan, lieu d'un énorme désordre même si de l'ordre est apparu localement sous la forme d'un oeil et de son mur.

À la recherche de l'ordre parfait

Un ordre parfait n'existe pas dans la nature matérielle puisqu'elle est soumise au désordre ; il est à rechercher dans la lumière. Si l'ordre dans la partie ordonnée d'un ouragan pouvait être parfait (à entropie nulle) alors un désordre beaucoup plus intense que celui habituellement observé devrait être noté car une structure dissipative accroît son ordre interne par transfert de désordre vers l'extérieur. Inversement, si on pouvait constater un désordre phénoménal dans la nature accompagné localement d'une apparition lumineuse, donc à entropie nulle, alors ce système serait en accord avec le second principe de thermodynamique, donc plausible.

Selon la théorie de l'information, qui complète le second principe de thermodynamique en le confortant, un système recevant des informations s'ordonne et son entropie diminue donc. À entropie nulle, toutes les caractéristiques d'un système sont connues, dans les moindres détails. Il est humainement impossible d'obtenir ce niveau ultime de perfection.

Il ne semble pas envisageable de conduire une expérience aussi extraordinaire. Or, des faits de même nature sont décrits dans les livres sacrés. On peut tenter de les examiner en physicien et non en théologien, ce qui nous ferait sortir de notre domaine de compétence.

On trouve, par exemple, de tels cas dans l'Exode de Moïse ou dans le miracle du soleil à Fatima. Le cas le plus prodigieux est peut-être la réapparition de Jésus. Selon les évangiles, Jésus est méconnaissable, il se présenta sous une autre forme. Jésus devait donc se manifester - au sens de la physique - comme un être de lumière, lorsqu'il se montra après la crucifixion. Être parfait dénué de masse, donc non soumis à la pesanteur, il pouvait s'élever dans les cieux le jour de l'Ascension. Les évangiles relatent ces prodiges avec une précision étonnante qui force l'admiration.

Matthieu conclut parfaitement cette note :
" ..., il y eut un grand tremblement de terre ; car un ange du Seigneur descendit du ciel,....Son aspect était comme l'éclair, ..."

(Matthieu 28 2-3)

25   Le meilleur des mondes possibles

Gottfried Leibniz est un mathématicien, physicien, philosophe, diplomate, juriste, historien, bref une académie à lui tout seul comme on a pu dire.

Le *meilleur des mondes possibles* est l'une de ses expressions, très commentée, extraite de son ouvrage : *"Essais de Théodicée, sur la bonté de Dieu, la liberté de l'homme et l'origine du mal "* publié en 1710. Théodicée signifiant la justification de la bonté de Dieu en dépit du mal qui existe dans le monde.

Leibniz ayant souvent varié dans ses explications, et celles-ci étant adaptées à ses nombreux correspondants, on utilise souvent la version post mortem publiée en 1734, qui tient compte des réactions que son œuvre suscita.

La vision du monde par Leibniz est instructive car il s'efforce de retenir la meilleure partie des contributions philosophiques et scientifiques de ses prédécesseurs en y ajoutant les siennes.

À son époque, l'idée de finalité dans la nature était exclue ; le monde ne pouvait pas avoir de fin. On considérait que la nature était réglée comme une horloge. **"L'univers m'embarrasse, et je ne puis songer que cette horloge existe et n'ait point d'horloger."** (Voltaire).

Le principe de moindre action affirmait que la nature choisissait, parmi tous les mouvements possibles, celui qui minimisait une certaine quantité dénommée action. *"C'est un principe métaphysique sur lequel toutes les lois du mouvement sont fondées." (Maupertuis).* Fermat, Leibniz, Euler et Maupertuis en avaient jeté les bases.

La philosophie de Leibniz part de la matière et de ses lois et s'élève à la métaphysique et à Dieu, souci constant à l'époque.

Suite aux travaux de Lagrange en particulier, la métaphysique fut ensuite exclue de ce principe de moindre action (vers 1750-1800). C'est à partir du siècle des Lumières que la physique ne tint plus compte de Dieu, qui limitait les développements et rendait impossible les mises en équations.

Laplace et l'Empereur Napoléon

Lorsque Laplace publie sa "Mécanique céleste"(1798-1823), l'Empereur Napoléon lui fit remarquer qu'il n'y était fait nulle part mention de l'existence de Dieu, Laplace lui répondit : "Sire, Je n'avais pas besoin de cette hypothèse."

Revenons à Leibniz.

La question du mal et du manque de réaction de Dieu pour l'en empêcher pose problème à beaucoup.

Leibniz envisageait de démontrer que le monde allait vers plus d'ordre. Le but était ambitieux et délicat. Son projet était-il d'utiliser ses connaissances en mathématiques pour aller beaucoup plus loin, beaucoup trop loin dans la perception du monde ?

Ses travaux ont dû influencer D'Alembert, Daniel Bernoulli et Euler, entre autres vers 1750, car ils furent les auteurs de méthodes rigoureuses de mise en forme et de résolution des équations gouvernant des problèmes plus ciblés, beaucoup plus à notre portée (le mouvement des fluides par exemple).

Cartésien à l'origine, Leibniz rejeta par la suite la physique de Descartes qui n'abordait pas suffisamment le changement ni la diversité dans la nature. Il se tourne alors vers le concept de monades initié par Pythagore, lequel parcourut le monde antique pour se spécialiser dans les sciences mathématiques, auprès des prêtres égyptiens d'abord, puis des chaldéens pour l'astronomie, des phéniciens pour la géométrie et même auprès de la tribu des Mages pour les rites mystiques. Parmi ses rencontres déterminantes, on cite le Perse Zarathoustra qui lui enseigna la théorie des contraires " *Tout provient du combat des forces du bien (la lumière) et du mal (les ténèbres)*".

Pour Pythagore, le nombre est l'*Arche*, c'est-à-dire l'élément primordial de l'univers. Le nombre un est un point, deux une droite, trois un plan et quatre un solide. À partir du moment où toutes les choses ont une forme, il est possible de décomposer celle-ci en un ensemble de points ou de lignes et, en définitive, de nombres.

Tous les phénomènes naturels semblaient être régis par une logique supérieure. Dieu, pour Pythagore, était un ingénieur exceptionnel et une loi mathématique nommée harmonie avait la tâche de gouverner la nature. La monade (le nombre un) avait créé les nombres, et à partir d'eux les points et les lignes, enfin l'harmonie était venue consolider les justes distances entre les choses. Tout cela, pour Pythagore, c'était l'ordre. La santé, l'amitié, la musique, etc. étaient les manifestations de l'harmonie.

La monade de Pythagore est une unité parfaite renfermant l'esprit et la matière, c'est Dieu lui-même.

Les nombres, pour les pythagoriciens, possédaient aussi des vertus thérapeutiques : les carrés magiques, par exemple, utilisés jusqu'à la Renaissance étaient gravés sur des feuilles d'argent et préservaient de la peste et du choléra entre autres. Leibniz et beaucoup d'autres s'adonnaient à l'alchimie qui ne représentait pas une démarche contraire aux lois de la mécanique.

On comprend que des difficultés de toutes sortes apparaissent quand on cherche à comprendre ces concepts. Mais passons outre, continuons.

Les monades de Leibniz

Leibniz créa le monadisme ou la théorie des monades qui avait pour but de combler l'abîme qui existe entre la matière et l'esprit, et de faire concevoir leur union. Vaste sujet car on passe de l'un à l'autre de manière continue.

Toute chose dans l'univers se compose de monades. *"Ces monades sont les véritables atomes de la nature"*, écrit Leibniz qui reprend là le terme utilisé chez Pythagore.

D'après Leibniz, elles possèdent certaines caractéristiques listées brièvement ci-après :

• elles n'ont pas de forme, donc il est impossible de les dessiner,

• elles sont immortelles ; leur durée est celle de l'ensemble de la création. Elles ne peuvent être ni produites, ni détruites.

- elles sont individuelles, simples et sans partie. Les monades sont en nombre infini et aucune monade n'est identique à une autre,
- elles sont sans portes, ni fenêtres ; donc rien ne peut en sortir ni y rentrer,
- elles sont soumises à un changement continuel ; une tendance interne à la perfection qui ne peut venir de l'extérieur puisqu'elles ne possèdent ni fenêtre, ni porte. Elles sont douées de spontanéité.

Les monades forment une hiérarchie partant des minéraux, aux animaux puis aux humains.

Les monades sont partout, elles réalisent le programme que Dieu leur a fixé en les créant.

La monade est constitutive de l'âme alors que l'atome est constitutif de la matière. Leibniz laisse de côté l'atome, qui ne concerne que la structure des éléments naturels, pour s'intéresser à la monade, qui est à la base des éléments spirituels.

Tout l'univers est présent dans chaque monade qui l'exprime à partir de son point de vue singulier. Dans cette conception du monde, l'infiniment petit contient la totalité de l'univers et donc l'infiniment grand ! Chaque monade connaît donc l'état de toutes les autres mais elle n'en est pas forcément consciente.

Harmonie universelle

Les monades participent d'un plan divin. Elles sont conçues dès l'origine pour s'intégrer harmonieusement dans un plan d'ensemble conçu par Dieu.

Pour Leibniz, il n'y a pas d'erreurs autres que celles que Dieu a voulues. Mais d'où viennent les imperfections ? C'est, dit Leibniz, que le mal aussi a été voulu par Dieu,

L'exercice de Leibniz est délicat. C'est une expérience de pensée dont la compréhension est difficile.

L'harmonie pré-établie

Leibniz explique l'association de toutes les monades à partir de l'harmonie préétablie sensée résoudre le problème du rapport entre l'âme et le corps.

Dieu a, au commencement, créé toutes les monades de telle sorte qu'elles se trouvent en accord entre elles. Les monades sont en quelque sorte programmées par Dieu.

"La somme de mon système revient à ceci que chaque monade est une concentration de l'univers."

Toutes les parties du monde sont tellement liées entre elles que tout changement a son retentissement dans l'univers.

Leibniz et le mal

Leibniz donne trois explications pour l'existence du mal :

- le mal métaphysique : tout être créé est imparfait, car sinon, il serait divin comme son créateur.

- le mal physique, par exemple la douleur se justifie par son utilité : elle peut être utile comme signal d'alerte, qui peut amener à une amélioration.

- le mal moral. Seul l'être humain peut pécher.

Dieu n'a pas voulu le mal, mais il l'a permis et le bien surpasse de loin le mal.

> Nous savons d'ailleurs que souvent un mal cause un bien, auquel on ne seroit point arrivé sans ce mal. Souvent même deux maux ont fait un grand bien :

Principe de raison suffisante

Rien n'arrive sans qu'il y ait une raison suffisante pour l'expliquer. Il n'y a pas d'effet sans cause.

Le franchissement du seuil d'une porte

C'est un exemple bien connu, cité par Leibniz : *" si je sors d'une pièce il me faut d'abord poser sur le seuil soit le pied droit soit le pied gauche"*. D'après Leibniz le principe de raison suffisante s'applique. *"Si je pose d'abord le pied droit sur le seuil, c'est parce que, et seulement parce que, il y a une raison suffisante pour que je pose d'abord le pied droit et non pas le pied gauche"*.

Le paradoxe de l'âne de Buridan

L'âne se trouve entre deux bottes de foin qui lui paraissent absolument semblables. L'animal doit mourir de faim parce qu'il ne peut pas décider vers quelle botte de foin il va se tourner. D'après le principe de raison suffisante, Leibniz est convaincu que ce cas ne peut pas se présenter. Les deux bottes de foin ne peuvent apparaître à l'âne totalement semblables. Car cela présuppose que toutes les circonstances environnantes, par exemple le vent, sont totalement semblables pour les deux bottes; ce qui n'est pas possible.

Ainsi, pour Leibniz, l'action de Dieu reste aussi déterminée par le principe de raison suffisante. Dieu n'agit jamais arbitrairement mais toujours selon de bonnes raisons, et ces raisons consistent en général en ce que Dieu ne veut et ne peut vouloir que le meilleur.

Le meilleur des mondes

Il y a une infinité de mondes possibles qui pourraient accéder à l'existence. Mais selon le principe du meilleur, Dieu n'a créé que le seul qui existe, donc le meilleur des mondes possibles. Par là, on obtient la plus grande diversité possible, qui s'accorde avec le plus grand ordre possible, c'est-à-dire qu'on obtient autant de perfection qu'il est possible.

Le monde est une totalité harmonieuse qui allie le maximum d'ordre avec le maximum de variété, c'est pourquoi il est le meilleur des mondes possibles.

> Ses Principes généraux étoient, que rien n'exiſte ni n'arrive ſans une raiſon ſuffiſante. Qu'il réſulte de la ſuprême perfection de Dieu, qu'en produiſant l'Univers, il a choiſi le meilleur plan poſſible, où il y ait le plus de variété avec le plus grand ordre ·

De l'origine radicale des choses (Leibniz 1697)

> " *Et pour ajouter à la beauté et à la perfection générale des œuvres de Dieu, il faut reconnaître qu'il s'opère dans tout l'univers un certain progrès continuel et très libre qui en améliore l'état de plus en plus.*
>
> *Bien que beaucoup de substances aient déjà atteint une grande perfection, la divisibilité du continu à*

l'infini fait que toujours demeurent dans l'insondable profondeur des choses des éléments qui sommeillent, qu'il faut encore réveiller, développer, améliorer et, si je puis dire, promouvoir à un degré supérieur de culture. C'est pourquoi le progrès ne sera jamais achevé. "

Réactions et controverses

Au temps de Leibniz, les controverses occupaient une place centrale dans l'évolution du savoir. Leibniz participe aux grands débats de son temps. Il cherche à connaître les positions de ses adversaires, mais sans sombrer dans des discussions interminables.

La doctrine de Leibniz variait et sur certains points, n'est jamais parvenue à une forme définitive. D'autre part, Leibniz présentait ses idées sous des formes qui dépendaient des interlocuteurs auxquels il s'adressait.

D'abord, notons celles énoncées dans l'ouvrage de référence des œuvres de Leibniz.

Ce qu'il est permis de penser & de dire sur la Métaphysique de M. Leibnitz, c'est que ses Principes nobles, & spécieux, sont trop arbitraires, & très-difficiles à appliquer. En particulier, son Hypothèse de l'Harmonie Préétablie, est sujette aux plus fortes difficultés.

• Leibniz et les expérimentateurs

Leibniz connaissait Papin depuis 1673, date à laquelle ce dernier assistait Huygens. Une correspondance assidue s'établit entre Papin et Leibniz. Papin était un cartésien obstiné que Leibniz tenta de convaincre, mais pour ce faire il fut amené à modifier constamment sa position en fonction des objections de son correspondant, souvent empreintes de bon sens.

Pour Locke toutes les connaissances viennent de l'expérience ; c'est pourquoi une confrontation avec Locke d'une part et Papin d'autre part fut pour Leibniz le meilleur moyen pour exposer ses thèses.

• **Voltaire contre les idées de Leibniz : Tout est-il bien ?**

" Dieu choisit, selon Leibniz, nécessairement le meilleur des mondes possibles; ce système semble répugner au dogme du péché originel ; car notre globe, après cette transgression, n'est plus le meilleur des globes: il l'était auparavant ... et bien des gens croient qu'il est le pire des globes, au lieu d'être le meilleur.

Quoi! Être chassé d'un lieu de délices, où l'on aurait vécu à jamais si on n'avait pas mangé une pomme! ... Quoi! Éprouver toutes les maladies, sentir tous les chagrins, mourir dans la douleur, et pour rafraîchissement être brûlé dans l'éternité des siècles! Ce partage est-il bien ce qu'il y avait de meilleur ? Cela n'est pas trop bon pour nous ; et en quoi cela peut-il être bon pour Dieu?

Leibnitz sentait qu'il n'y avait rien à répondre; aussi fit-il de gros livres dans lesquels il ne s'entendait pas. "

(Extraits de "Questions sur l'Encyclopédie, Voltaire)

" Qu'est-ce que l'âme? Je n'en sais rien. Qu'est-ce que la matière? Je n'en sais rien. Voilà Joseph Leibniz qui a découvert que la matière est un assemblage de monades. Soit. Je ne le comprends pas ni lui non plus. "

(Lettre de Voltaire à Gravesande, 1741)

Voltaire ne pouvait admettre qu'un monde où il y avait tant de souffrance soit régi par Dieu. Un évènement essentiel fut le tremblement de terre de Lisbonne en 1755, qui fit des dizaines de milliers de victimes et ébranla toute l'Europe. Voltaire en fut très affecté et publia son fameux texte : *Poème sur le désastre de Lisbonne.*

Choqué par le concept de Leibniz affirmant que notre monde était le meilleur des mondes possibles, Voltaire se moqua de lui dans son truculent ouvrage *Candide ou l'optimisme* dans lequel le professeur Pangloss enseigne la métaphysico-théologo-cosmolonigologie à Candide.

En faisant passer Leibniz pour un optimiste naïf ignorant

l'existence du mal, la critique de Voltaire est amusante, mais est injuste car très exagérée.

Michel Serres, leibnizien convaincu

Pour le philosophe Michel Serres, la logique de Leibniz a devancé de façon géniale notre époque.

Selon lui, Leibniz qui voulait inventer une langue universelle a anticipé le monde moderne et ses nouvelles technologies. Mathématicien de génie, il a découvert, entre autres, le calcul binaire, base de l'informatique.

" Rien n'est clos et figé chez lui ; c'est la souplesse et l'innovation permanente. C'est un homme qui annonce les Lumières, un savant qui correspond avec toute l'Europe. "

"La monadologie de Leibniz est la première théorie moderne de la communication. Comme les monades ne peuvent jamais communiquer entre elles, elles doivent en passer par un tiers qui assure la transmission. Ce tiers, c'est Dieu. "

Mais cela pourrait tout aussi bien être la demoiselle du téléphone remarque Serres. Chez Leibniz, la demoiselle, c'est Dieu !

" Dès lors que l'on est plus que trois, il est plus économique d'en passer par un tiers qui répercute l'information que de nouer une relation individuelle avec chacun ! Une communication directe entre une infinité de monades aboutirait nécessairement à une infinité de relations possibles ; si chaque monade est reliée à Dieu, qui transmet la même information à toutes, le nombre de relations à établir est nettement moindre... On est dans une logique d'efficacité, de calcul de l'optimum."

Pour Serres, soit la communication fonctionne grâce à un pôle, c'est Dieu chez Leibniz, qui relie tous les points, soit il faut inventer un réseau qui assure la fonction de Dieu en l'absence de Dieu.

"C'est le prodige de la technologie moderne d'avoir inventé un tel modèle avec les ordinateurs personnels, puis bien sûr avec l'internet à haut débit. Internet, c'est vraiment du Leibniz, une monadologie mais sans Dieu ! Tous les internautes sont des monades sur un pied d'égalité, à la fois autonomes et connectés, qui surfent sur le même univers : la Toile. "

Leibniz a anticipé le monde dans lequel nous vivons, et vivrons encore demain annonce Michel Serres.

Que vient faire l'œuvre de Leibniz dans le présent texte ?

Leibniz est le savant type qui interpelle notre époque :

- il est un précurseur du principe de moindre action,
- on lui accorde la découverte du calcul différentiel, qu'il publia avant Newton.
- il découvre les forces vives, qui deviendront l'énergie cinétique, base de l'énergétique et des principes de thermodynamique.
- il avait appréhendé les fractales.

Leibniz et les fractales

"Il n'y a point deux individus indiscernables. Un gentilhomme d'esprit de mes amis, en parlant avec moi en présence de Madame l'Électrice, dans le jardin de Herrenhausen, crut qu'il trouverait bien deux feuilles entièrement semblables. Madame l'Électrice l'en défia, et il courut longtemps en vain pour en chercher. "
(Réponse de Leibniz à M.Clarke.)

"Chaque partie de la matière peut être conçue comme un jardin plein de plantes et comme un étang plein de poissons. Mais chaque rameau de la plante, chaque membre de l'animal, chaque goutte de ses humeurs est encore un tel jardin ou un tel étang. "

Leibniz, avec ces remarques sur la diversité dans la nature, avait pressenti le monde des fractales. Les individus se ressemblent mais sont tous différents. C'est l'auto similarité.

Leibniz et le principe de moindre action

En admirant son apport scientifique original, il nous faut regarder l'œuvre de Leibniz avec ce que la physique actuelle nous enseigne. On se rend alors compte de l'énorme fossé qui existe entre les savoirs d'aujourd'hui et ceux de son temps. Il s'agit essentiellement du second principe de la thermodynamique qui va à l'encontre des vues de Leibniz. Il concevait le monde en appliquant le principe de moindre action, qui n'est valable que près de l'équilibre. Or ce principe ignore, ou minimise les irréversibilités. Leibniz évoque *"Le grand ordre au-dessus de tous les petits désordres"*.

Or, on a vu précédemment que ce sont les phénomènes irréversibles, associés au chaos, qui ont formé le monde. Ceci ne semble pas incompatible avec la Genèse puisque Dieu créa d'abord la lumière, de laquelle émergea la matière destructible. À partir de ce moment, la nature prend le relais.

Pour être un peu plus clair : À la question : le monde s'est-il créé tout seul ? Ma réponse[1] est : Oui, La nature initiée par la lumière a pu créer le monde. Mais la lumière s'est-elle créée toute seule ?

"Pour moi je crois que les lois de la Mécanique qui servent de fondement à tout le système dépendent des causes finales, c'est-à-dire de la volonté de Dieu déterminée à faire ce qui est le plus parfait, et que la matière ne prend pas toutes les formes possibles , mais seulement les plus parfaites ; autrement, il faudrait dire, qu'il y aura. un temps où tout sera mal en ordre, ce qui est bien éloigné de la perfection de l'auteur des choses."

(Lettre de Leibniz à Philipp)

Quelle déconvenue pour un Leibnizien mais ce sera le cas probablement.

Leibniz, s'écarte beaucoup trop du domaine de validité du principe de moindre action, ce qui le conduit à négliger les propos des anciens, tels ceux de Lucrèce ou d'Hésiode.

" Le vieux laboureur, secouant la tête et soupirant, . . . ne voit pas que peu à peu tout défaille, tout va vers le brancard funèbre, cédant à la fatigue de l'âge."

(Lucrèce : La terre vieillit et doit périr)

" Auparavant les hommes vivaient sur la terre exempte de tous les maux, du travail pénible et des maladies cruelles . . . Mais Pandore souleva le couvercle d'un grand vase qu'elle portait, et les maux qui y étaient contenus se répandirent sur les mortels. Seule l'Espérance resta, arrêtée sur les bords du vase, et ne s'envola point . . .

(Hésiode : La mythe de Pandore)

---

[1]Je ne donne pas cette réponse pour bonne, mais pour mienne.

En ayant rappelé succinctement son œuvre magistrale dans ce chapitre, on mesure mieux le désarroi provoqué par l'annonce du second principe de thermodynamique de Carnot et Clausius au 19eme siècle.

Le monde ne va pas vers plus d'ordre comme le suggère Leibniz, il va *probablement* vers plus de désordre.

> **Mais comment donc rénover, comment restaurer l'ordre sans tout d'abord instaurer le désordre ?**
>
> *Victor Segalen*

26   Erreur de conception des centrales

Nucléaire :

Une anomalie majeure de sécurité

sur l'EPR finlandais d'Olkiluoto

Un problème sérieux de conception est identifié en mars 2020 sur un réacteur nucléaire de troisième génération (EPR)[1].

Informées de l'incident, les autorités chinoises ont hésité à mettre à l'arrêt les deux seuls EPR en service dans le monde aujourd'hui, Taishan 1 et Taishan 2.

Il s'agit de la défaillance d'une soupape de sûreté du pressuriseur, un élément essentiel de la sûreté du réacteur. L'incident s'est produit lors d'un test effectué sans combustible sur l'EPR finlandais.

La pièce défectueuse, qui a présenté une fuite du fait de fissures, est aussi présente dans les autres EPR en construction, dont celui de Flamanville, et dans les deux qui sont entrés en service à Taishan (Chine). L'autorité finlandaise de radioprotection et de sûreté nucléaire (STUK) a informé de l'anomalie les autres autorités de sûreté nucléaire responsables des EPR dans le monde.

Fin Août 22 - Fortes tensions sur le parc des centrales nucléaires

On trouve dans la presse : " C'est dans un contexte de très fortes tensions en matière d'approvisionnement électrique qu'EDF a pris la décision suivante : Quatre réacteurs nucléaires français, affectés

---

[1]Transitions et Énergie (7 juin 2020)

par des problèmes de corrosion, verront leur arrêt prolongés de plusieurs semaines cet automne.

Le prix de l'électricité en France augmentait depuis plusieurs mois, battant des records absolus, passant de moins de 50 euros ordinairement les années précédentes à 900 euros le mégawattheure en août 2022.

Fin 2022 - La moitié du parc nucléaire français à l'arrêt

Des microfissures, pouvant mesurer jusquà 5 mm, ont étés détectées sur une tuyauterie coudées d'épaisseur 30 mm ; il n'y a pas de risque de fuite, mais il est imposssible de laisser ces fissures s'agrandir. Il faut arrêter le réacteur, remplacer la partie fissurée et ressouder, tout en faisant attention à la radioactivité. Une tâche très technique, maîtrisée par seulement quelques dizaines de personnes dans le monde.

> **"Hâtez-vous lentement ; et, sans perdre courage,**
> **vingt fois sur le métier remettez votre ouvrage."**
> **Nicolas Boileau**

Nous y voila enfin ! La moitié des centrales nucléaires françaises à l'arrêt ! Il aura fallu quarante ans pour que la nature enseigne la loi d'Edward A.Murphy au plus grand nombre de nos concitoyens :

> **Loi de Murphy.**
> **Tout ce qui est susceptible d'aller mal, ira mal.**

La moitié des centrales arrêtées était le niveau adéquat pour que je me remette à fatiguer les experts avec le principe de pire action et sa soupape ventose.

J'écrivis donc la lettre ouverte ci-jointe à l'Académie des sciences en Octobre 2022. (En fait, je n'ai envoyé cette lettre qu'au président de l'Académie qui a eu la pertinence de la diffuser à la personne compétente)

27   Lettre à l'Académie des sciences

Quand la physique vole au secours des soupapes

afin d'améliorer la sécurité

et le fonctionnement des centrales nucléaires

Monsieur le Président,

De l'énergie doit parfois être dégradée. Chacun d'entre nous dissipe de l'énergie en utilisant les freins pour ralentir son véhicule ; les soupapes sont les freins des centrales de production d'énergie électrique. Elles sont souvent responsables d'incidents sévères sur ces installations.

Lors du fonctionnement au régime nominal d'une centrale (solaire, classique ou nucléaire), le clapet des soupapes de régulation est grand ouvert et les dissipations d'énergie sont faibles.

Aux charges partielles de fonctionnement, le clapet doit au contraire laminer la vapeur pour en régler le débit. La puissance ainsi dissipée peut atteindre 130 MW à une levée intermédiaire pour un groupe de 1000 MW. Le fort rapport de détente dans le robinet provoque alors la formation d'écoulements supersoniques. Cette dégradation nécessaire d'énergie se fait par frottements visqueux et par augmentation d'entropie au travers de jets supersoniques et d'ondes de choc plus ou moins stables.

Les phénomènes observés sont très souvent violents quand le fluide a un comportement bistable. Ces problèmes d'instabilités d'écoulements dans les soupapes sont préoccupants car ils engendrent des vibrations dans toute l'installation pouvant conduire à des fissures, éventuellement à de la corrosion, puis parfois à des ruptures.

Dans les années 1970, le CETIM (Centre Technique des Industries Mécaniques) lança une étude d'intérêt général sur les soupapes à la demande d'Alstom et des industriels français concernés et d'EDF et put breveter, en 1984, la solution décrite ci-après :

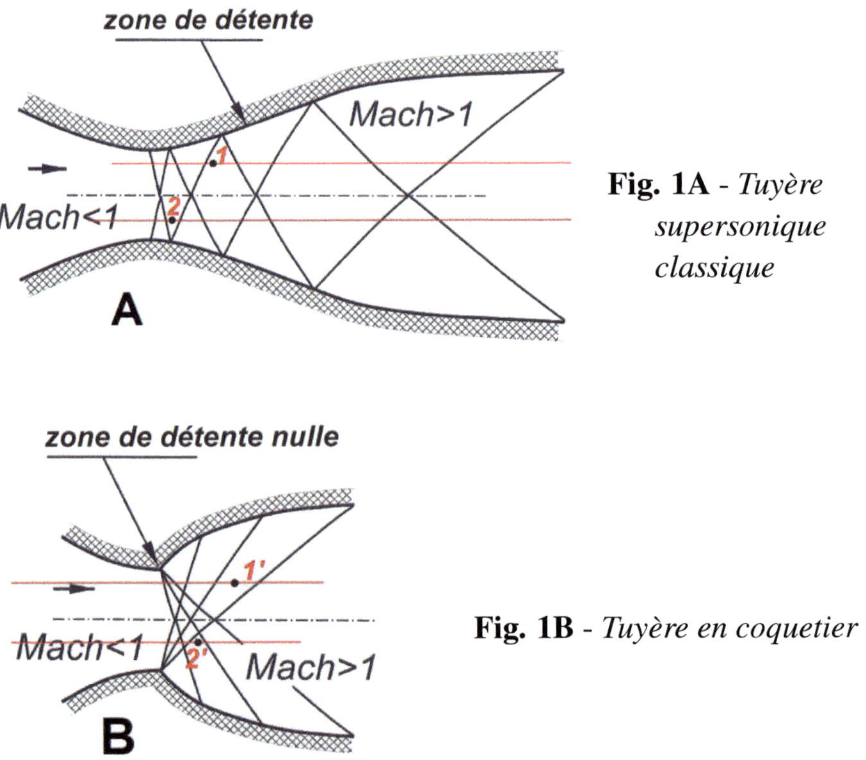

Fig. 1A - *Tuyère supersonique classique*

Fig. 1B - *Tuyère en coquetier*

Utilisons une tuyère classique adaptée, donc sans onde de choc pour simplifier l'exposé, fonctionnant en régime supersonique (Fig.1A) ; on sait définir l'état du fluide en chaque point du réseau qui peut être beaucoup plus dense que celui présenté. Dans la zone de détente, les propriétés de l'écoulement (vitesse, direction de la vitesse, température statique, etc.) sont notablement différentes entre des points quelconques 1 et 2 de cet écoulement bidimensionnel.

Prenons une autre tuyère adaptée elle aussi (Fig. 1B), analogue aux tuyères propulsives des fusées spatiales, fonctionnant entre les mêmes nombres de Mach que la précédente.

Entre les points 1 et 1' (ou 2 et 2') correspondants des deux tuyères, les diverses propriétés du fluide sont très différentes.

Construisons maintenant une structure sandwich à partir de ces deux tuyères, en les dotant d'une certaine épaisseur. On peut imaginer des parois fictives séparant les diverses couches. Dans chacune de ces couches, on peut admettre que les écoulements sont parfaits, c'est-à-dire sans dissipation d'énergie, ce qui est une hypothèse raisonnable dans cet écoulement accéléré. On connaît donc toutes les caractéristiques de l'écoulement en chaque point.

Escamotons subitement les parois fictives qui isolaient les différentes couches.

Avec la stratification proposée, tout change brusquement. L'écoulement se morcelle en un nombre immense de configurations. Chacune des innombrables particules est entourée d'autres particules dont les vitesses, directions des vitesses, etc. sont différentes de la sienne.

Dans cette singulière utilisation des écoulements supersoniques, deux écoulements initialement réversibles conduisent quasi-instantanément à une augmentation énorme d'entropie, que l'on peut appeler ici plus simplement désordre. On a nommé principe de pire action cette démarche qui consiste à dégrader rapidement le plus d'énergie possible.

Soupapes de régulation apaisées[1]

Appliquons à nouveau ce procédé à une maquette de soupape de

---

[1]Brevet FRANCE n⁰ 84 03 206 du 1er mars 1984, Europe, USA (US Patent 4,688,755, Aug.25,1987), URSS, Canada, etc. Brevets cédés par le CETIM à Framatome, Alstom et EDF en 1985

régulation (Figure 2).

L'écoulement dans le convergent d'entrée est homogène, on y suit le principe de moindre action ; l'entropie est constante dans cette partie.

Des vistemboirs, bras armés du principe de pire action, ont été implantés dans la tuyère de cette soupape. Des alvéoles dessinées comme des tuyères en forme de coquetier sont creusées dans la tuyère de la soupape. Elles sont réparties dans la tuyère et séparées les unes des autres par des tuyères classiques. Des écoulements différents sont donc engendrés selon la pénétration azimutale dans la soupape.

Tandis que le fluide est homogène en amont, il est forcé de se détendre soudainement depuis le col dans une tuyère en forme de coquetier ou dans une tuyère classique. Dès le passage du col, la géométrie proposée crée brutalement de l'entropie dans l'écoulement. Aucune particule fluide n'est identique à sa voisine, ni en amont ni en aval, ni à sa gauche ni à sa droite.

La structure stratifiée imposée à l'écoulement l'oblige à abandonner immédiatement dès le col franchi, le principe de moindre action et à activer le principe de pire action, provoquant ainsi un mélange profond dans l'ensemble de la masse fluide.

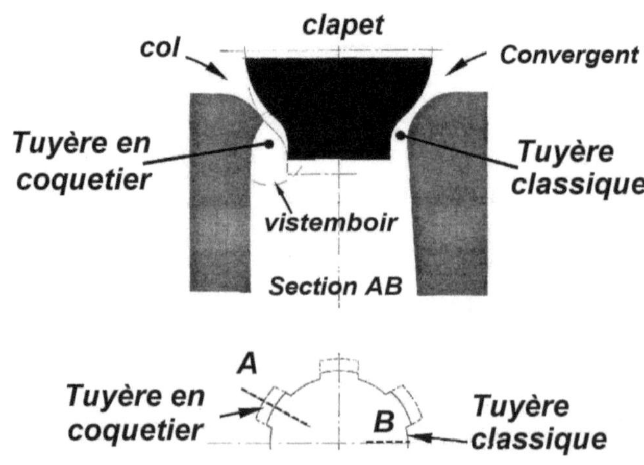

Fig. 2 - *Soupape munie de vistemboirs.*

Des phénomènes de transport non-linéaires majeurs et probablement inconnus de nos jours activent brusquement les processus de dégradation. Le point d'équilibre final, ou de désordre généralisé est atteint quasi-instantanément.

Une occasion offerte par la nature a été saisie, car il a été possible de diversifier les écoulements supersoniques avant de les mettre brutalement côte à côte, créant un chahut indescriptible dans le monde des très petites particules. On retrouve ainsi expérimentalement la formule de Boltzmann : $S = k.\ln W$ qui montre que l'entropie S, c'est-à-dire le désordre, augmente avec le nombre de configurations W dans le monde microscopique.

Les forces non-stationnaires enregistrées sur la tige de cette soupape permettent une comparaison entre la nouvelle géométrie équipée de vistemboirs et la géométrie conventionnelle de référence. Les résultats d'essais bruts sont obtenus pendant une rafale. Toute la gamme de rapport de pression est alors explorée pour une levée donnée.

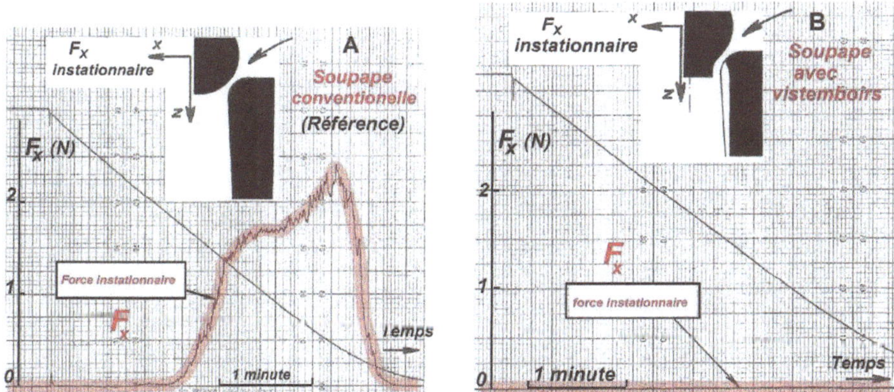

Fig. 3 - *Les vistemboirs calment les écoulements dans les soupapes de régulation des centrales thermiques classiques et nucléaires entre autres.*

La confrontation entre la version de référence A et la version B munie de vistemboirs donne des résultats spectaculaires (Fig. 3):

Le signal délivré par le capteur de la soupape avec vistemboirs (B) est extrêmement faible, quasiment nul, comparé au signal obtenu avec la géométrie initiale (A). Quand les vistemboirs sont utilisés, ils causent une réduction immédiate de toutes les caractéristiques fluctuantes du système fluide. Cette amélioration décisive a été obtenue dès la première tentative, ce qui est la meilleure preuve de l'efficacité de cette solution.

Cette expérience, associée à des visualisations, révèle un bouleversement profond en physique, qui interpelle.

• Dans le premier cas A, le fluide a toute la liberté pour dissiper lui-même son énergie cinétique. Alors le système fluide pénètre dans le chaos, puis apparaissent des structures auto-organisées qui, par manque de stabilité, peuvent devenir dangereuses dans ces organes de détente et dans d'autres applications dans les centrales nucléaires (soupapes de sécurité, dispositifs de contournement des turbines, etc.).

• Dans le second cas B, on impose, depuis notre monde macroscopique, une dislocation profonde du système fluide, empêchant ainsi l'émergence de structures nouvelles. Le nombre faramineux de configurations gomme les hétérogénéités de toutes sortes contenues dans le fluide. Les caractéristiques instationnaires de l'écoulement dans la soupape sont réduites à néant et la turbine de la centrale nucléaire est alors alimentée beaucoup plus correctement.

À la présentation de ces résultats, Robert Legendre, Membre de l'Académie des sciences et Haut-conseiller scientifique à l'Onera déclarait que ces difficultés anciennes dues aux soupapes étaient considérées comme des maux inévitables. Il était même enseigné que la dissipation de quelques dizaines de mégawatts dans un robinet à soupape était impossible sans vibrations et bruit. Il soulignait que les remèdes trouvés au CETIM constituaient une première mondiale.

Ce qu'il fallait comprendre, c'est que le second principe de thermodynamique, libre de toute contrainte, est attiré dans les mailles du chaos. Alors de l'ordre peut apparaître. C'est ainsi par exemple, qu'une tempête tropicale, dégradant de l'énergie, peut s'auto-organiser et devenir un ouragan en se dotant d'une partie ordonnée (dont l'œil) dans laquelle l'entropie baisse. Cet ouragan est un moteur puissant composé subtilement d'ordre et de désordre. Ilya Prigogine a appelé structures dissipatives ces constructions émergentes qui naissent loin de l'équilibre dans les systèmes dissipatifs : ce sont les planètes, les oiseaux,...., la vie. Elles font notre admiration.

Mais dans les soupapes des sites nucléaires, ces structures dissipatives ne sont pas les bienvenues car elles empêchent la dégradation d'énergie de s'opérer massivement et rapidement. On doit les éliminer car leur partie ordonnée les rend insuffisamment dégradatrices.

Le principe de pire action en organisant un désordre intense dans le monde microscopique y supprime toute possibilité d'ordre ; alors le chaos est évité dans notre monde macroscopique.

Pour tenter de rendre ces travaux plus intelligibles afin qu'ils puissent enfin être largement appliqués (puisque les brevets France et US sont maintenant dans le domaine public), j'utilise dorénavant le terme principe de double action (pire action et meilleure action) :

- pire action, pour la part dégradation dans le système des molécules,

 meilleure action, car on supprime en même temps le chaos dans notre monde.

En vantant le calme décisif apporté par cette invention, peut-être sera-t-on mieux entendu. D'autant plus que cette bonne nouvelle, qui va permettre de supprimer des vibrations dans les centrales nucléaires en particulier, en appelle évidemment d'autres : le calme profond apporté dans ces installations devrait réduire les possibilités de fissures, donc d'accidents. Les métallurgistes nous diront si les phénomènes de corrosion sont atténués.

Le Président Jimmy Carter, qui eut à gérer la catastrophe de Three Mile Island, a souhaité que ces informations soient partagées avec le plus grand nombre. Je le fais d'autant plus volontiers que cette découverte du CETIM bien accueillie aux USA, en particulier, où elle a été expérimentée, a vocation pour le bien commun à être accessible à tous.

C'est pourquoi, j'ai l'honneur de porter ces informations à votre connaissance. Je vous prie d'agréer Monsieur le Président, l'expression de mes respectueuses salutations.

Michel Pluviose

Références :

- A positive lesson from the accident at Three Mile Island, Lettre ouverte au Pdt Jimmy Carter

- Stabilization of Flow Through Steam-Turbine Control Valves, Transactions of the ASME, Journal of Engineering for Gas Turbines and Power, Vol.111, October 1989

- L'organisation du désordre pour sortir du chaos. Éditions Cépaduès (2015)

- Du plus grand désordre à l'ordre parfait. BOD (2022)

- Sites Web : https://physics3worlds.com https://pluviosemichel.com/a-propos

28   Des brevets et des hommes

26 décembre 2023 - Loin de la situation de 2022

Une remontada

Le constrate est saisissant avec l'année précédente. RTE, le gestionnaire du réseau d'électricité était alors confronté à des problèmes de corrosion sur ses réacteurs nucléaires. Depuis, une proportion notable du parc nucléaire a pu être contrôlé et réparé.

On laisse au lecteur le soin de juger si la lettre à l'Académie des sciences a été bénéfique ou non.

Retour sur la soupape ventose

La *soupape " ventose "* proposée modifie profondément le système moléculaire en intensifiant les phénomènes de transport, de telle sorte que l'énergie cinétique est transformée directement en énergie désordonnée d'agitation thermique. En évitant ainsi le chaos et en créant massivement de l'entropie.

Alors que chacun doit éviter les gaspillages d'énergie, il est essentiel d'admettre que dans de certaines situations, de l'énergie doit être dégradée. Parmi ces nécessaires irréversibilités, on trouve par exemple le jet d'eau s'écoulant d'un robinet, dont la faible puissance n'incite pas à en dire plus. Ou les jets supersoniques dans les soupapes, disposant d'une telle puissance, qu'ils peuvent être le siège d'incidents et d'accidents de portée mondiale.

Le principe de moindre action est très utile dans des domaines proches de l'équilibre ; or dans les soupapes des grandes centrales de production d'énergie électrique ou dans les ouragans, on en est très loin. Les structures dissipatives de Prigogine, par l'ordre qu'elles contiennent, et malgré leur nom, ne sont pas suffisamment dissipatives. Elles entraîneraient l'écoulement global vers des fluctuations de pression accompagnées de vibrations dangereuses, prémices de fissures dans l'installation à moyen terme, et probablement de corrosion à plus long terme. Le principe à imposer est le principe de pire action (ou de double action si on préfère).

Il faut imposer une structure très complexe au monde microscopique afin qu'il suive plutôt l'ordre de Boltzmann que l'ordre par fluctuations de Prigogine.

Les vistemboirs permettent non seulement une massive et quasi instantanée dégradation de l'énergie cinétique, ils assurent aussi une remarquable stabilisation des écoulements dans tous les cas de fonctionnement.

Ces dégradeurs d'énergie cinétique forcent les milliards de milliards de molécules du monde microscopique à auto-détruire leur énergie cinétique globale. Alors le monde macroscopique reprend le contrôle de l'installation et les parois guidant le fluide retrouvent leur sérénité.

Avis de l'Éditeur en chef de Valve World Magazine
   sur l'article : (**April 2023**)

Physics to the rescue ... improving safety and operation of nuclear and industrial facilities

> **J'ai trouvé fascinant le concept selon lequel l'ordre naît naturellement du chaos.**

> **L'exemple de l'ouragan a été pour moi un moment d'illumination, car j'ai pu imaginer exactement ce qsue vous vouliez dire.**

> **J'ai trouvé cet article très intéressant et intrigant.**

Pourquoi observons-nous encore tant d'incidents et d'accidents sur les soupapes ?

Puisque la solution existe, le lecteur peut se demander pourquoi la presse relate encore tant d'accidents de soupapes ? La réponse pourrait être :

> **" *Il faut laisser du temps au temps, en physique !*"**

Donnons-en quelques exemples :

- Le général Lazare Carnot, "l'Organisateur de la victoire", physicien et mathématicien de renom, a son nom inscrit sur la frise du premier étage de la tour Eiffel. Cette frise honore 72 scientifiques, ingénieurs ou industriels qui se sont distingués dans le siècle précédent 1889. Peut-être était-il délicat d'y mentionner deux fois le nom Carnot, toujours est-il que le fils de Lazare Carnot : Sadi Carnot, fondateur de la thermodynamique n'y figure pas, preuve que ses découvertes ne sont pas encore reconnues 75 ans après la publication de son ouvrage.

- Dans son autobiographie scientifique, Max Planck suggère une autre hypothèse : *"J'ai eu l'occasion d'apprendre un fait que je tiens pour très remarquable : une vérité nouvelle en science n'arrive jamais à triompher en convainquant les adversaires et en les amenant à voir la lumière, mais plutôt parce que finalement ces adversaires meurent et qu'une nouvelle génération grandit, à qui cette vérité est familière. "*

- Pour Arthur Schopenhauer :*"Toute vérité franchit trois étapes. D'abord, elle est ridiculisée. Ensuite, elle subit une forte opposition. Puis, elle est considérée comme ayant toujours été une évidence."*

- En 1986, James Lightill, président de "International Union of Theoretical and Applied Mechanics" déclara publiquement et solennellement :

  "Ici, il me faut m'arrêter et parler au nom de la grande fraternité des praticiens de la mécanique. Nous sommes très conscients, aujourd'hui, de ce que l'enthousiasme que nourrissaient nos prédécesseurs pour la réussite merveilleuse de la mécanique newtonienne les a menés à des

> *généralisations, dans le domaine de la prédictibilité ... que nous savons désormais fausses. Nous voulons collectivement présenter nos excuses pour avoir induit en erreur le public cultivé en répandant, à propos du déterminisme des systèmes, des idées qui se sont, après 1960, révélées incorrectes. "*

Cela fait donc une quarantaine d'années que l'on connaît mieux le chaos et pourtant les milieux industriels, trop ancrés dans le déterminisme préfèrent encore l'ignorer. Allez dire à des robinettiers français qu'il y a du chaos dans leurs réalisations ; chez les autres certainement, mais pas chez eux ! Cependant, certains ont compris l'intérêt d'utiliser le principe de double action, et il est appliqué outre-atlantique pour le plus grand profit d'industriels plus réactifs et moins scrupuleux que d'autres à l'égard des brevets.[1]

---

[1] Sur le Web : Tribulations d'un brevet français au pays du Far West.

Épilogue

> *La matière à l'équilibre est aveugle et, dans les situations de non-équilibre, elle commence à voir.   (Ilya Prigogine)*

Parmi les éléments qui participent au destin du monde, l'ordre et le désordre tiennent une place prépondérante.

La physique, depuis Galilée et Newton, s'est rangée derrière l'ordre pour établir ses propres lois.   Ses succès furent considérables, on crut mettre la Nature à nu.   Le principe de moindre action, qui résume la situation, guida les pas de nombreux scientifiques : *Lorsqu'il arrive quelque changement dans la Nature, la quantité d'Action employée est toujours la plus petite qu'il soit possible.*

Leibniz, qui découvrit avec Fermat et Maupertuis ce principe de moindre action basé au départ sur la métaphysique, pensait que notre monde était *le meilleur des mondes possibles* et que l'univers était en continuel progrès. Le monde allait vers plus de perfection avec *le plus de variété et le plus grand ordre.*

Avec l'ère industrielle, la thermodynamique apparut et son mal-aimé second principe fut chargé de prendre enfin en compte le désordre. Un "quelque chose" qu'on appella énergie se conservait mais se dégradait. L'entropie, nouvelle appellation du désordre, mesura cette dégradation causée par des irréversibilités de toutes sortes. Avec l'entropie, le temps apparut et se dota de sa flèche orientée vers l'avenir.

Certains annoncèrent que l'Univers était en train de mourir. En oubliant que la Nature s'est parée d'un voile qu'il nous est impossible de lever.

La thermodynamique englobant ordre et désordre prit une place enviable et redoutable que seule la théorie de l'information pourrait lui contester.

Puis Boltzmann et des hommes audacieux, avec des concepts rudimentaires mais efficaces, permirent de mieux cerner le monde microscopique qui fourmille en nous et autour de nous. C'était lui, ce monde des molécules qui était le grand coordonnateur de tout ce qui est visible dans notre monde macroscopique. La physique statistique pouvait tenir compte du nombre gigantesque de particules dans l'infiniment petit en faisant appel à la théorie des probabilités.

Le monde n'allait plus vers son destin funeste, il n'y allait que probablement. Une note d'espoir.

Plus récemment, au détour des années 1970, la théorie du chaos et la mise en évidence par Prigogine des structures dissipatives, bouleversèrent nos vues. Le monde dans sa marche vers le désordre, est capable de créer des structures auto-organisées. Plus qu'un coup de tonnerre dans le ciel de la physique, ce fut une révolution y compris dans de nombreux autres domaines, sinon dans tous.

Le second principe, tant décrié parce qu'il conduisait au désordre complet, faisait aussi apparaître la vie en s'associant au chaos dans ces structures émergentes.

Au sens de Prigogine, toutes ces structures ordonnées que sont les planètes, les arbres, les êtres vivants sont des structures dissipatives : elles font notre admiration.

Les découvertes de Prigogine sont révolutionnaires non seulement pour la physique mais aussi et surtout pour notre vision de l'univers et de la vie. On peut voir des structures dissipatives naître et s'éteindre un peu partout ; celles-ci abondent dans la nature.

L'entropie s'est affirmée, et son champ d'application s'est étendu peu à peu depuis l'énergétique jusqu'à la chimie, la biologie, la météorologie, aux sciences de l'information, aux sciences humaines, etc. même à la finance, ... et à la vie.

Un état de non-équilibre peut être stationnaire si un apport permanent d'énergie compense l'énergie dissipée. Dans les systèmes biologiques, cet apport est réalisé par l'énergie solaire pour les végétaux, par la matière nutritionnelle pour les animaux.

Si le flux d'énergie ou de matière nutritionnelle est insuffisant pour assurer un état stationnaire, le système biologique dégénère et meurt. Si par contre, le flux d'énergie est surabondant, de nouvelles structures cohérentes, plus complexes peuvent se former.

Le biologiste Henri Atlan, a fondé comme Prigogine, sa théorie des structures dissipatives et des processus d'auto-organisation sur la théorie du chaos et sur les interactions avec l'environnement.

Le rôle constructif des phénomènes irréversibles, loin de l'équilibre, conduit à la formation de structures ordonnées qui freinent le retour à l'équilibre final en empêchant la nécessaire dissipation d'énergie de s'accomplir normalement. Car le second principe de thermodynamique est empêtré dans les manifestations du chaos. De l'ordre peut alors apparaître dans ces structures dissipatives.

Ces constructions ordonnées, même si elles sont remarquables, ne sont pas toujours les bienvenues. Un système soumis à un déséquilibre intense et étant tenu de dégrader de l'énergie voit de l'ordre apparaître en son sein. Agissant simultanément, l'ordre et le désordre perturbent tout système ; c'est le chaos.

Lorsque depuis notre monde macroscopique, on souhaite dégrader de l'énergie, en ouvrant une soupape par exemple pour éviter l'explosion d'un réservoir, le monde microscopique réagit en créant ces structures auto-organisées qui brident l'accès du système à son équilibre final. Pire, le système moléculaire s'organise à sa guise en perturant sévèrement notre monde macroscopique.

Dans ces organes, dits de sécurité où ordre et désordre se côtoient, un conflit apparaît entre ces deux notions, cause de phénomènes complexes et spectaculaires, mais souvent dangereux et parfois fatals. Notre sécurité n'est plus assurée.

Principe de double action
(Pire action et meilleure action)

Une solution proactive consiste à détruire ces structures dissipatives trop dangereuses, en appliquant le principe de double action. Celui-ci ordonne, depuis notre monde macroscopique, au système moléculaire de ne pas construire ces structures ou de les combattre lorsqu'elles apparaissent ; c'est l'importante partie pire action. Ce principe doit être utilisé lorsque de l'ordre émerge dans des domaines où la raison impose que seul le désordre existe. Dans le même temps, les phénomènes chaotiques sont évidemment supprimés, ce qui permet de retrouver le calme dans notre monde macroscopique ; c'est la partie meilleure action.

Outre les organes qui véhiculent des fluides à forte puissance motrice embarquée et qui cherchent à s'en débarrasser, les structures auto-organisées que l'on appelle ouragan, typhon ou cyclone selon les régions du globe terrestre, pourraient être un autre domaine d'application de ce principe. Ces cyclones tropicaux se délestent de leur puissance motrice considérable en semant la détresse dans les terres habitées ; ils doivent être affaiblis et rabaissés en tempête tropicale.

En supprimant l'ordre contenu dans une structure dissipative, le principe de pire action permet au système tout entier de rejoindre rapidement son équilibre final, sans instabilités. Le second principe de thermodynamique qui s'était laissé piéger dans les mailles du chaos est alors libéré de toute entrave.

Enfin, ce second principe de thermodynamique, lequel permet l'émergence de la vie se trouve ainsi réhabilité. La participation efficace du chaos dans le processus mérite d'être soulignée.

Que le chaos interfère avec le désordre du second principe de thermodynamique pour permettre l'émergence de structures nouvelles est époustouflant.

La nature, qui n'a pas livré tous ses mystères,

n'a pas fini de nous surprendre !

Bibliographie

[1] Galilée ; Dialogue sur les deux plus grands systèmes du monde (1632), Éditions du Seuil (1992)

[2] Descartes René : Le traité du monde et de la lumière, (1633)

[3] Leibniz G., 1840. La monadologie, Athena, Pierre Perroud

[4] Janet P., 1900. Œuvres philosophiques de Leibniz, Félix Alcan   Tome 1 p750-757

[5] Poincaré Henri : La Science et l'Hypothèse, (1908)

[6] Brunhes, Bernard ; La dégradation de l'énergie, Champs-Flammarion (1909)

[7] Planck, Max : Leçons de thermodynamique, A.Hermann et fils (1913)

[8] Claude G., (1930). Power from the tropical seas Mechanical Engineering, vol.52, n°12, p.161-172

[9] Prandtl and Tietjens ; Fundamentals of hydro and aeromechanics, Dover (1934)

[10] De Groot, S.R. (1951). Thermodynamics of irreversible processes, North-Holland Publishing Company.

[11] Kleinschmidt E.Jr, 1951. Gundlagen einer Theorie des tropischen Zyklonen, Arch. Meteorol., Geophys. Bioklimatol., Ser. A4   53-72

[12] Babel, Henry ; La Théologie de l'énergie, A la baconnière (1967)

[13] Gray W.M., Global View of the Origin of Tropical Disturbances and Storms, Monthly Weather Review vol.96, 1968, Number 10, 669-700

[14] Sédille, Marcel ; Thermodynamique technique, Masson (1969)

[15] Shea D.J., 1972. The Structure and Dynamics of the Hurricane's Inner Cone Region, NOAA N22-65-72, Atm. Sci. Paper N° 182

[16] de Rosnay, Joël ; Le macroscope. Vers une vision globale, Points Essais (1977)

[17] Nicolis G., Prigogine I. (1977). Self-Organization in Non-Equilibrium Systems, Wiley

[18] Feynman Richard P.: Cours de Physique, InterEditions, (1979)

[19] Thom, René ; Paraboles et catastrophes, Champs-Flammarion (1983)

[20] Einstein Albert, Infeld Léopold: L'évolution des idées en physique,
Flammarion, (1983)

[21] Lugt H.J., 1983. Vortex Flow in Nature and Technology,
John Wiley and Sons, Inc.

[22] Prigogine, Ilya ; Stengers, Isabelle ; La nouvelle alliance,
Gallimard (1986)

[23] Gleick J., (1987). Chaos, The Viking Press

[24] Brillouin, Léon ; La Science et la théorie de l'information,
Jacques Gabay (1988)

[25] Stewart I., (1989). Does God play Dice? The new mathematics of Chaos,
Penguin Books

[26] Nicolis G., Prigogine I. (1989). Exploring Complexity, Freeman

[27] Gleick, James ; La théorie du chaos, Champs-Flammarion (1991)

[28] Alonso M. ; Finn, E. ; Physics, Addison-Wesley (1992)

[29] Saint Augustin ; La Création du monde et le Temps,
Folio Gallimard (1993)

[30] Peebles, Phillip J.E. ; Principles of Physical Cosmology,
Princeton University Press, (1993)

[31] Peitgen H-O., Jürgens H., Saupe D., 1993. Chaos and Fractals
- New Frontiers of Science, Springer-Verlag

[32] Stewart, Ian ; Dieu joue-t-il aux dés, Les mathématiques du chaos, Champs-Flammarion
(1994)

[33] Mandelbrot, Benoit ; Les objets fractals, Champs-Flammarion (1995)

[34] de Broglie, Louis ; Diverses question de mécanique et de
thermodynamique classiques et relativistes, Springer (1995)

[35] Roux F. and Viltard N., 1997. Les cyclones tropicaux La Mtorologie 8^e
srie - $n^0 18$ 9-33

[36] Prigogine, I., Kondepudi D., (1998). Modern Thermodynamics - From Heat
engines to Dissipative Structures, Wiley.

[37] Prigogine, I., Kondepudi D., (1999). Thermodynamique - Des moteurs
thermiques aux structures dissipatives, Odile Jacob.

[38] Bak, Per ; Quand la nature s'organise, Flammarion (1999)

[39] Alligoud K.T., Sauer T.D., Yorke J.A., 2000. Chaos, An Introduction to
      Dynamical Systems, Springer

[40] Bougeault P., Sadourny R., 2001. Dynamique de l'atmosphre et de l'ocan,
      Les ditions de l'École polytechnique

[41] Diu B., Guthmann C., Lederer D., Roulet B., (2001). Physique statistique,
      Hermann

[42] Sprott J.C., 2003. Chaos and Time-Series Analysis,
      Oxford University Press

[43] Emanuel K., 2003. Tropical Cyclone, Annu. Rev. Earth Planet. Sci.   75-104

[44] Atkins, Peter ; Le doigt de Galilée, Dunod (2004)

[45] Emanuel K., 2005. Divine Wind: The History and Science of Hurricanes
      Oxford University Press

[46] Green, Brian ; La magie du cosmos, Robert Laffont (2005)

[47] Letellier, Christophe ; Le chaos dans la nature, Vuibert (2006)

[48] Pottier, Noëlle ; Physique statistique hors d'équilibre,
      EDP Sciences (2007)

[49] Penrose, Roger ; À la découverte des lois de l'Univers,
      Odile Jacob (2007)

[50] Serres M., 2007. Le système de Leibniz et ses modèles mathématiques, Épiméthée, Presses
      Universitaires de France

[51] Balibar Françoise ; Toncelli Raffaella ; Einstein, Newton, Poincaré - Une histoire de principes
      , Belin, (2008)

[52] Trinh Xuan Thuan ; Ilya Prigogine ; Albert Jacquard ; Joël de Rosnay ; Jean-Marie Pelt ;
      Henri Atlan : Le Monde s'est-il créé tout seul ?,
      Albin Michel ; Le livre de Poche(2008)

[53] Basdevant Jean-Louis : Le principe de moindre action, Vuibert (2010)

[54] Klein Étienne, Discours sur l'origine de l'Univers,
      Champs sciences, (2010) (voir aussi Youtube : A quoi sert E=mc2 ?)

[55] Newton, Isaac ; Principia, Dunod (2011)

[56] Liu C., Liu Y., Luo Z., Lei X., Wang D., Zhou X., 2011. Studies of the
      Hurricane Evolution Based on Modern Thermodynamics, Recent
      Hurricane Research, IntechOpen, DOI: 10.5772/15147 chap.9   171-196

[57] Roddier Franois, Thermodynamique de l'évolution,
      Éditions Parole, (2012)

[58] Moreau R., 2013. L'air et l'eau, edp sciences

[59] Laforest M., 2013. Les ouragans : engins de destruction,
      Bulletin de l'association mathmatique du Québec, Vol. LIII, n^{0}2 25-42

[60] Pluviose M., 2013. Quieting the Flows in Valves Using Kinetic Energy
      Degraders, International Journal of Thermodynamics, Vol.16 (N^{0}3),
      doi: 10.5541/ijot.456

[61] Pluviose M., 2013. A Positive Lesson from the Accident at Three Mile Island, Nuclear Ex-
      change, Sept.2013

[62] Pluviose M., 2013. Calming the flows using the principle of worst action, Nuclear Exchange,
      Sept. 2013

[63] Ren D., Lynch M., Leslie L.M, Lemarshall J., 2014. Sensitivity of
      Tropical Cyclone Tracks and Intensity to Ocean Surface Temperature:
      Four Cases in Four Different Basins, Tellus A: Dynamic Meteorology
      and Oceanographie, 66:1, 24212, DOI: 10.3402/tellusa.v66.24212   1-22

[64] Périlhon C., Descombes G., Pluviose M., 2014.
      Using the Principle of Worst Action to Stabilize Control Valve Flows,
      Valve World Conferences, Dusseldorf 2014

[65] Luminet Jean-Pierre, Les commencements de la cosmologie moderne, Etudes, Janvier 2014,
      numéro 4201

[66] Pluviose Michel : L'organisation du désordre pour sortir du chaos, Cépaduès, (2015)

[67] Kowch R., Emanuel K., 2015. Are Special Processes at Work in the Rapid
      Intensification of Tropical Cyclones? Mon. Wea. Rev., 143, 878-882.

[68] Luminet Jean-Pierre, L'Univers, La Boétie, (2015)

[69] Emanuel K., 2018. 100 Years of Progress in Tropical Cyclone Research
      Meteorogical Monographs   doi: 10.1175/amsmonographs-d-18-0016.1.

[70] Oruba L., Davidson P.A., Dormy E. 2018. On the Formation of Eyes in
      Large-scale Cyclonic Vortices, Phys. Rev. Fluids, 3, 013502 (2018)

[71] Pluviose M., 2018. A Remarkable Use of Energetics by Nature:
      The Chaotic System of Tropical Cyclones,
      International Journal of Applied Environmental Sciences,
      IJAES, Vol.13, N°8, 2018

[72] Pluviose M., 2019. Is it Possible to Weaken a Hurricane? Sketch of a Solution Using the Locally Available Energy. International Journal of Applied Environmental Sciences, IJAES, Vol.14, N°2, 2019

******

Sites Web :

www.physics3worlds.com (sur les soupapes)

www.hurricane-physics.com (sur les ouragans)

www.extreme-physics.com (sur l'ordre parfait)

www.pluviosemichel.com (site général)

Table des matières